哈佛蔬菜汤

[日] 高桥弘 著　安忆 译

天津出版传媒集团
天津科学技术出版社

HARVARD DAIGAKUSHIKI MENEKIRYOKU UP!
INOCHI NO YASAI SOUP
Copyright © Hiroshi Takahashi 2019
All rights reserved.
Original Japanese edition published by SEKAIBUNKA HOLDINGS INC.
This Simplified Chinese edition published
by arrangement with SEKAIBUNKA Publishing Inc., Tokyo
in care of FORTUNA Co., Ltd., Tokyo

天津市版权登记号：图字02-2022-057号

图书在版编目（CIP）数据

哈佛蔬菜汤 / （日）高桥弘著；安忆译 . -- 天津：
天津科学技术出版社 , 2022.7 (2024.5 重印)

ISBN 978-7-5742-0056-2

Ⅰ . ①哈… Ⅱ . ①高… ②安… Ⅲ . ①素菜—汤菜
—菜谱 Ⅳ . ① TS972.122.6

中国版本图书馆 CIP 数据核字 (2022) 第 106143 号

哈佛蔬菜汤
HAFO SHUCAI TANG
责任编辑：张建锋
责任印制：兰　毅
出　　版：天津出版传媒集团
　　　　　天津科学技术出版社
地　　址：天津市西康路35号
邮　　编：300051
电　　话：(022)23332400（编辑部）
网　　址：www.tjkjcbs.com.cn
发　　行：新华书店经销
印　　刷：天津联城印刷有限公司
开本 710×1 000　1/16　印张 9　字数 100 000
2024年5月第1版第3次印刷
定价：58.00元

前言

我们身体的能量是由摄取的食物中的营养素提供的。因此，选择好的食物可以让人保持健康，而吃了危害身体的食物则会引发疾病。

不过，人体本身具备一些功能，即使我们吃下了危害身体的食物，也能防止生病；即便患病，这些功能也可以帮助身体快速恢复健康。"免疫"就是上述功能之一。

只要负责免疫功能的免疫细胞能正常运作，其作用是十分强大的，甚至可以消灭癌症。但是遗憾的是，很多人并未创造良好的身体"环境"，导致免疫细胞活力不足或无法充分发挥作用。

想要长久地保持身体健康，就需要通过一些方式激活免疫细胞，帮助身体的免疫功能发挥应有的作用。

这些方式方法正是我长年以来的研究课题，即摄取人体所需的功能成分——植化素（Phytochemical）。

本书将介绍使用蔬菜制作"养命蔬菜汤"的方法。这些蔬菜富含植化素，它们的功效均经过充分的研究证实（有科学依据）。"养命蔬菜汤"的优点是任何人不论在何时何地都能低价且高效地享受到备受瞩目的功能成分——植化素。

另外，本书还将解析何为免疫，如何提升免疫力，并介绍全新设计的增强免疫力的伸展操。总之，意在多方位地帮助大家提高自身免疫力。

目 录 CONTENTS

第 1 章

蔬菜的力量——植化素

第 2 章

植化素是保护身体的"超级英雄"

第3章

保护身体的神奇机制

第 4 章

开启提高免疫力的生活方式

资料篇

第 **1** 章

蔬菜的力量——植化素

基本做法就是——将四种蔬菜

放入锅中慢煮。

一起来做『养命蔬菜汤』吧！

提高免疫力的
"养命蔬菜汤"

"养命蔬菜汤"中含有多种植化素，这是植物为了保护自己而生成的天然功能成分。这些功能成分能对我们熟知的五大营养素[1]所不具备的功能起到很好的补充效果，是非常重要的成分。植化素存在于我们身边的植物之中，每天吃的蔬菜与水果中就富含这类成分。

　　"养命蔬菜汤"由四种蔬菜制成，它们分别是卷心菜、胡萝卜、洋葱和南瓜。这四种蔬菜富含多种功效各异的植化素，它们有的能强化黏膜的免疫屏障功能，有的可以预防人体感染流行性感冒，有的能激活攻击癌细胞的NK细胞[2]、T淋巴细胞和巨噬细胞，还有一些成分具有抑制炎症和过敏等功效。关键是这些蔬菜价格便宜，一年四季都能轻松买到，不论谁都能享受到来自这些蔬菜的恩惠。

*1 五大营养素：指蛋白质、碳水化合物、脂肪、维生素和矿物质。
*2 NK细胞：自然杀伤细胞。一种免疫细胞，能破坏因感染或精神压力而受损的细胞。

卷心菜

将致癌物质无毒化，降低血液黏稠度，预防心肌梗死与脑梗死。

　　生吃卷心菜时感受到的辛辣味源自异硫氰酸酯（异硫氰酸苄酯、异硫氰酸苯乙酯），它能激活肝脏的解毒酶，促进致癌物质的无毒化。这种成分还能诱导大肠癌与前列腺癌的癌细胞自然凋亡，抑制癌症的发生与癌细胞的增殖。

　　不仅如此，异硫氰酸酯还能抑制血小板的活动，防止血栓形成，具有降低血液黏稠度的作用，对心肌梗死与脑梗死也有预防效果。

　　卷心菜中富含膳食纤维，有助于调节肠道菌群，提高免疫力，而维生素C则能促进干扰素的生成，从而增强机体免疫力。

胡萝卜

α-胡萝卜素与β-胡萝卜素
有很强的抗氧化作用，能预防
癌症，激活免疫细胞。

　　胡萝卜的橙色是β-胡萝卜素的颜色。胡萝卜素（Carotene）这个词是从英语的胡萝卜（Carrot）一词中派生而来的。

　　胡萝卜中富含α-胡萝卜素与β-胡萝卜素，它们都是具有较强抗氧化作用的植化素。二者通过相乘作用，能够清除有着很强毒性的活性氧——羟基自由基，具有预防癌症的效果。另外，α-胡萝卜素与β-胡萝卜素会在人体内根据需要转化为维生素A，具有增强皮肤屏障和黏膜免疫屏障的效果。

　　除此之外，β-胡萝卜素还能激活NK细胞、T淋巴细胞和巨噬细胞，提高机体免疫力。

　　用胡萝卜煮汤时，为了不浪费其中的营养成分，最好带皮一起煮。

洋葱

抗氧化作用能保护基因，有降低血液黏稠度和预防动脉硬化的作用。

　　洋葱中有两种植化素，它们分别是硫化物烯丙基化硫与多酚类物质槲皮素。

　　洋葱炒熟后味道清甜，这是因为加热后烯丙基化硫的辣味消失了，洋葱本身的甜味被凸显了出来。烯丙基化硫有着较强的抗氧化作用，能清除活性氧。

　　而槲皮素则是洋葱本身以及褐色外皮中所含的色素成分，它不仅具有较好的抗氧化作用，还能降低血液黏稠度，抑制癌细胞的增殖，能诱导癌细胞自然凋亡。另外，这种成分还有助于抑制过敏反应与炎症。

南瓜

抗氧化作用强大，
能抑制癌症，提高
免疫力。

我们在市面上买到的西洋南瓜①和日本南瓜②中，西洋南瓜所含的植化素——β-胡萝卜素含量更高。

β-胡萝卜素是有着强大抗氧化作用的植化素，能清除有较强毒性的活性氧——羟基自由基，可以抑制癌症，抑制低密度胆固醇的氧化以防止动脉硬化。另外，它还能激活NK细胞、T淋巴细胞和巨噬细胞，提高机体免疫力。

南瓜中还富含维生素A、维生素C和维生素E，是抗氧化物质的宝库。除了可食用的果肉部分，瓜子与瓜瓤中也富含有效成分。南瓜的外皮富含膳食纤维，可以全部放入锅中一起煮，千万别浪费了。

①又叫栗味南瓜，是印度南瓜类型的品种，有绿皮和红皮两种。——编者注（若无特殊说明，本书的脚注均为编者注。）

②果型较小，粉质度高。我国江浙一带栽培甚广。

养命蔬菜汤的食材准备
卷心菜

100克卷心菜

100克卷心菜切块后

🔪 卷心菜的切法

①

剥去外层叶片，切开后去掉中间的硬芯。

②

分出100克，切成适口大小的滚刀块。

养命蔬菜汤的食材准备
胡萝卜

100克胡萝卜

100克胡萝卜切块后

胡萝卜的切法

①

不去皮，去蒂。

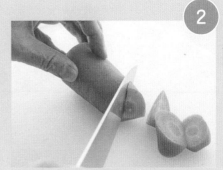

②

分出100克，切成适口大小的滚刀块。

养命蔬菜汤的食材准备

洋葱

100克洋葱

100克洋葱切块后

洋葱的切法

① 剥去外皮，切除茎部与根部，对半切开。

② 分出100克，切成瓣状。

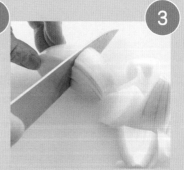

③ 将每瓣切成适口大小的滚刀块。

养命蔬菜汤的食材准备

南瓜

100克南瓜

100克南瓜切块后

南瓜的切法

①

不去皮，用勺子挖出瓜子与瓜瓤。

②

分出100克，切成适口大小的滚刀块。

13

"养命蔬菜汤" 的制作方法

 慢煮20分钟后静置放凉，充分析出植化素

　　四种蔬菜切好后各取100克为1份，每份加入1升水，加盖煮熟即可。剩下的蔬菜可以分装后冷冻保存。

　　洋葱皮、南瓜子与瓜瓤以及胡萝卜蒂可以装进无纺布袋中，放入锅中一起煮，这样能煮出更多的植化素。

　　锅中放入所有蔬菜，加水没过食材，开大火煮开，待水煮开后再加盖转小火慢煮20分钟。水溶性植化素容易挥发，因此，水开后炖煮时一定要盖上锅盖。

　　这道汤能喝到蔬菜天然的甘甜与鲜美。保存时，取出无纺布袋。

① 四种蔬菜各100克。

② 洋葱皮、南瓜子与瓜瓤、胡萝卜蒂放进无纺布袋。

③ 锅中加入①与②，加入水（1升）没过食材。

④ 水开后加盖转小火慢煮20分钟。建议选用锅盖较重的锅子。

⑤ "养命蔬菜汤"完成！

南瓜比较容易煮化，可以先放入其他三种蔬菜，煮开后加盖转小火慢煮10分钟，再放入南瓜加盖继续煮10分钟。

养成每天喝"养命蔬菜汤"的习惯

早餐前空腹时喝，身体能更好地吸收植化素

　　蔬菜中的植化素会缓慢析出至汤中。这道汤可以说是充满植化素的"精华液"，不仅如此，汤中还含有多种维生素与大量的水溶性膳食纤维。

　　首先，推荐在进餐前先喝一杯汤。特别是早晨空腹时先喝这道汤，植化素更容易被身体吸收利用。

　　在餐前先喝汤，能减缓碳水化合物消化吸收的速度，可以起到抑制血糖值上升的效果。随汤吃下各种蔬菜，还能大量摄取膳食纤维，有助于预防生活方式病[①]。

夏季可以冰镇，
早晨起床先喝一杯。

进餐前加热再喝。

与煎过的鸡翅一起炖，鲜味十足，
变身分量满满的汤菜。

---

　　①由不良的生活习惯造成的亚健康状态以及相关疾病，如肥胖、糖尿病、高血压、动脉硬化、过敏、头痛、抑郁和皮肤干燥等。

"养命蔬菜汤"的关键是养成每天喝的习惯，不论什么时候都能喝

　　"养命蔬菜汤"的每日推荐摄取量如下：

　　普通保健每天早上喝200~400毫升的汤，就能很好地帮助身体保持健康；

　　如果身体处于亚健康状态，每天喝400~600毫升，分三次喝，尽量在餐前喝汤。减肥时本汤最适合做正餐之间的加餐；

　　如果正在接受其他疾病的治疗，建议每天喝1 200~1 600毫升。

　　曾有研究报告反馈，坚持每天喝三次"养命蔬菜汤"，每次喝200毫升，两周后白细胞数值就能得到改善，免疫力也有所增强。

　　得了感冒没有食欲也不用担心，这道蔬菜汤适口性好，还有抗氧化的作用，能帮助身体尽快康复。

外出时装入保温杯，随身携带。

与蔬菜一起装入容器中冷藏。
可作为高汤用于日常烹饪。

"养命蔬菜汤"的进阶喝法

只需打碎，变身美味浓汤

　　"养命蔬菜汤"没有做任何调味，每天吃难免会因为味道千篇一律而感到枯燥、难以坚持。这种时候，不妨尝试将煮好的蔬菜与汤加到其他菜品中。比如，做味噌汤时将蔬菜汤用作汤底，蔬菜则代替普通汤料，或是在蔬菜汤的基础上加入其他食材，进行各种巧妙的灵活运用（具体参见P20~24）。我最推荐的做法是连汤带蔬菜一同打碎，做成西式浓汤，这样就吃不腻了。

　　做法很简单，就是将汤和蔬菜一起用料理机打至顺滑，如果想调节浓度，可以调整汤和蔬菜的比例。打完后倒入锅中加热，加入黑胡椒粉、香草和橄榄油，简单调味后就能享用了。汤料中的胡萝卜与南瓜为汤头带来自然清新的甜味与浓稠感，非常适合做成西式浓汤。而且做成浓汤后，色泽艳丽，诱人食欲。蔬菜本身已经煮软，只需手持式料理机就能轻松打成美味的浓汤。

"养命蔬菜汤"的保存方法——
冷藏可放2~3天，冷冻可放2~3周

　　本汤意在萃取蔬菜的精华，推荐选用新鲜的有机蔬菜。如果一次大量制作，可以连汤带菜一起装入保鲜盒中冷藏或冷冻。但风味会在保存时不断流失，因此要尽快吃完。冷藏一般可保存2~3天。冷冻则可保存2~3周。冷冻时连汤带蔬菜一起保存。蔬菜在解冻后，细胞壁会破裂，细胞内的植化素随之析出，溶入汤中。不仅能增加有效成分，口感也会变得更加浓郁。

　　不妨按每天食用的分量分成小份，分别冷冻，这样更方便。

大量制作后，按照不同的用途分别冷藏、冷冻保存。

做成西式浓汤，连汤带菜一起吃。

菜与汤分开，用汤代替茶饮用，常备于冰箱中冷藏。

巧用家常菜

用胡萝卜、卷心菜、洋葱和南瓜做成的"养命蔬菜汤"，可以作为烹饪的基础食材，进行各种各样的巧用。比如，将汤作为高汤来使用，在其中加入根茎类蔬菜、豆腐、油豆腐、裙带菜等，再加入味噌调味，就是一道含有强力植化素的味噌汤。煮咖喱时，也可大量加入"养命蔬菜汤"，当作西式素高汤使用。煮制蔬菜汤的食材也可以自由组合搭配。接下来，将为大家简单介绍几个我家的家常菜食谱。

鸡翅蔬菜汤

在"养命蔬菜汤"中加入煎过的鸡翅，炖煮20分钟。鸡肉的鲜美可让汤更美味。

▌食材

· 胡萝卜、卷心菜、洋葱、南瓜（分别切成适口的大小）各100克
· 鸡翅300克
· 喜欢的香草（也可加入生姜）适量
· 盐、黑胡椒粉各适量

▌做法

1. 除南瓜以外的蔬菜全部放入锅中，加水没过食材，煮开。
2. 等待开锅时煎鸡翅。用平底锅将鸡翅煎至两面焦黄，并散发出香味。
3. 将煎好的鸡翅放入煮蔬菜的锅中，加盖转小火煮10分钟。
4. 放入南瓜和喜欢的香草或生姜，保持小火继续煮10分钟（香草可选用欧芹、百里香、莳萝和龙蒿等新鲜的香草。生姜可切末加入）。最后依据个人口味加入盐、黑胡椒粉调味即可出锅。

🍲 在鸡翅蔬菜汤的基础上稍加变化，进一步提高免疫力

 用带叶胡萝卜
1 提高抗氧化力

　　如果能买到新鲜的胡萝卜叶，一定要加入汤中。可将胡萝卜叶与第一批食材一起放入锅中。胡萝卜叶独有的浓郁风味与清香，不仅可以让汤更鲜美，具有超强抗氧化力的植化素也会溶入汤中，大大提升汤的保健功效。

 加入咖喱粉，
2 促进代谢

　　加入鸡肉的好搭档——咖喱粉，也很美味。咖喱粉可以在煎鸡翅时撒在鸡翅上。如果嫌味道太淡，可以在这时撒入少许盐和黑胡椒粉。鸡翅煎至表面焦黄后，放入煮开的四种蔬菜汤中慢炖，共炖煮20分钟即可（图片中还有胡萝卜叶）。

 芜菁中的维生素C能
3 促进胶原蛋白的吸收

　　汤中加入芜菁不仅美味，还能摄取大量维生素C。鸡翅中的胶原蛋白会溶入汤中，后分解为氨基酸被人体吸收。与芜菁中的维生素C一同摄取，能促进这些成分再次合成胶原蛋白。芜菁很容易煮熟，出锅前5分钟加入即可。

21

汤与小锅料理

西蓝花香肠蔬菜汤

将"养命蔬菜汤"的汤汁倒入锅中煮热,加入香肠和西蓝花。只需稍稍加热,西蓝花断生即可。香肠自带咸味,可依据个人口味再加一些黑胡椒粉调味。这款食谱适合已经吃腻基础版蔬菜汤的人。西蓝花中的萝卜硫素具有排毒效果。

番茄生姜元气汤

用橄榄油炒生姜,再加入切成粗丝的洋葱、胡萝卜、卷心菜和土豆继续翻炒。最后加入切成滚刀块的番茄,炒出汁水后加水炖煮,也可依据个人喜好加入西式高汤、培根或鸡翅。用橄榄油炒蔬菜,能提升具有强抗氧化作用的番茄红素与β-胡萝卜素的吸收效果。

海鲜猪肉根菜咖喱

锅中加入橄榄油,放入切碎的生姜、大蒜煸炒,再加入切成适口大小的根菜、海鲜与猪肉翻炒,放入盐、黑胡椒粉和咖喱粉炒匀。倒入水或西式高汤,加入芋头、胡萝卜叶和四季豆炖煮。出锅前放入秋葵,断生即可出锅。根菜可选用胡萝卜、莲藕、牛蒡和洋葱等。海鲜可依据个人喜好选择瑶柱或虾仁。芋头与根菜具有抗氧化作用,而咖喱粉中的姜黄素则有解毒的功效,双管齐下。

用削皮器将白萝卜削成带状，形似面条。放入锅中后码入斜刀切的大葱片与白菜叶，最上面码放煎好的鸡翅、生姜片与带皮的日本柚子片，加水做成清炖锅。开锅后从白萝卜开始从下往上依次吃，是健康的蔬菜小锅料理。可依据个人喜好搭配不同的蘸料享用。大葱的葱叶部分也有抗氧化的效果，还能煮出甘甜的汤头，千万别丢了，一起放进锅中。

花式植物营养汤

只用"养命蔬菜汤"的汤汁部分。在加热的汤底中放入切成几瓣的芜菁、切碎的芜菁叶、适口大小的彩椒块和番茄块等。选用稍稍加热就能吃的蔬菜。在此基础上加入火腿或煮熟的肉类，以少许盐和黑胡椒粉调味，也可撒入一些帕尔玛奶酪碎。下班晚的时候，晚饭会买一些熟食凑合一下，但只要加上这道蔬菜满满的汤，就能很好地做到膳食均衡。

白菜猪肉叠叠锅

在切好的白菜片之间叠放猪肉片，层层叠好后切成2~3厘米的段，切口朝上竖着码入锅中并加水。锅的中间放一只烤过的蜜柑，待食材煮熟就能享用。蜜柑不仅含有植化素，还能增香提味。可以带皮捣碎一起吃。蘸料依据个人喜好选择即可。

所有蔬菜都能做"养命蔬菜汤"

西葫芦版

西葫芦养命蔬菜汤

这是将基础版的四种蔬菜中的南瓜替换成西葫芦的蔬菜汤。在买不到南瓜致使食材不全时，可以用同为葫芦科的其他蔬菜代替。不可思议的是，替换成西葫芦风味也十分和谐。每天做蔬菜汤，完全可以尝试不同的食材，进行自由组合。

其他蔬菜版

蔬菜营养汤

没有基础的四种食材时，可以选用西芹、番茄、彩椒、小松菜来煮蔬菜汤。食材全部切成适口大小，操作同样简单。选择时令蔬菜多多尝试，最重要的是轻松愉快地坚持做、坚持喝，还能在不同的季节发现当季限定的特别美味。

将新鲜蔬菜中的
生命甘露送上餐桌。

"养命蔬菜汤"的魅力

养成摄取植化素的习惯是通往健康的第一步

富含植化素的"养命蔬菜汤"有诸多功效，而且都经过科学研究被证实。这是经很多人实践、取得了大量成果的可靠的保健方法。

针对生活方式病这类在长年的生活中积累形成的健康问题，"养命蔬菜汤"通过改善日常饮食，既不会给身体造成负担，又能切实有效地改善身体状况。在医学界，这被公认为是一种效果显著的辅助治疗手段。对于尚未患上慢性疾病的人群，"养命蔬菜汤"也是一种通过饮食预防疾病的好办法。

为了更好地享受植化素带来的保健效果，将摄取"养命蔬菜汤"变成日常生活的一部分，养成喝汤的习惯十分重要。我们很难长时间坚持通过严苛的饮食控制去改善日常饮食习惯。但如果只是在日常饮食中加入一道用常见蔬菜做成的富含植化素的菜品，长期坚持的难度就大大降低了。

另外，在植化素中，有些成分易溶于水，而有些成分则易溶于油脂；有些成分耐热，另一些成分则不然。为此，烹饪时除了做成汤，还可以尝试做成沙拉、榨成蔬果汁、蒸或者炒蔬菜等。如此一来，摄取有效成分变得乐趣十足，不容易吃腻，能由衷地感受美食带来的快乐。

媒体报道"吃〇〇能治疗癌症"后，第二天被报道的蔬菜在超市就会被卖断货。像这样的事情时有发生。其实，考虑到人体的生理特性，仅通过摄取某一特定食物或营养素就能对人体产生一定的效果是不可能的。只有适度地烹饪多种食材或营养素，长期且均衡地摄取，才能激发出食材的自然力量。

在日常饮食中，注意摄取植化素，能逐渐强化机体的免疫力，让诸多令人在意的身体不适症状得到改善。不论是正在为生活方式病而烦恼的人，还是健康人群，都应在日常饮食中养成有意识地摄取植化素的习惯。

颠覆世界观的奇迹蔬菜汤

前文介绍的"养命蔬菜汤"里所用到的食材，一年四季都能在附近的菜市场或超市轻松购得。不仅如此，我们平时烹饪时弃之不用的种子、外皮和煮出的汤汁中，都富含植化素的有效成分。

胡萝卜和白萝卜等根茎类蔬菜的菜叶部分也含有大量植化

素。你吃过胡萝卜或白萝卜的叶子吗？其实，没必要勉强自己想办法去烹饪这部分食材，只要加入汤中一起煮就可以了。制作"养命蔬菜汤"时会完整利用全部的食材，没有丝毫的浪费。

食材得到完整利用，不仅营养价值更高，丢弃的垃圾也更少，更环保。这真是既经济实惠又环保，可谓一举两得。最近，很多蔬菜采用温室或蔬菜大棚栽培，还有些蔬菜会照射人造光。这样种植出来的蔬菜当然也能制作出"养命蔬菜汤"。

后文还会详细介绍为何只有植物能产生植化素，那是因为植物处于充足的紫外线照射与会遭受昆虫啃食等的严峻自然环境中，为了保护自己，它们才在植株内生成了植化素。因此，去菜市场或超市购买蔬菜时，不妨向店员咨询一下这些蔬菜是在什么样的环境下栽培出来的。如果蔬菜种植在没有任何威胁的环境中，它们就无须生成太多的植化素。

另一方面，即便蔬菜的外观不是很好，只要充分沐浴了阳光，让昆虫都忍不住想要啃食，就可以放心地选购。最理想的是"露地栽培菜"，就是在露天菜田里种出来的蔬菜。这种方式种出来的蔬菜，植化素的含量会更可观。

如果可能，不妨尝试自己亲手种植"养命蔬菜汤"所需的蔬菜。虽然无农药种植蔬菜照料起来十分辛苦，但相比购买现成的，自己种要放心得多，还能做出富含植化素的蔬菜汤。

坚持摄取富含植化素的食物，能提升免疫力，还能让五感变得更敏锐，从而更好地感知自然的变化、四季的流转。这种生活习惯有可能会改变我们对世界的看法。这么说也许有些夸大其词，但富含植化素的"养命蔬菜汤"确实是有着巨大能量的"奇迹之汤"。

水果中也富含植化素

本书主要围绕蔬菜来介绍各种植化素。当然，水果中也富含多种植化素。

研究表明，富含多酚这种植化素的水果，按照多酚含量高低依次为猕猴桃、香蕉、葡萄柚、芒果、葡萄、橙子、木瓜和菠萝。

这些都是常见的水果，而且大多产自热带地区。研究表明，这是因为相比寒冷的地区，热带地区的紫外线更强，为了抗氧化以保护自身组织，植物必须生成更多的植化素——多酚。

猕猴桃果皮中的多酚含量比酸甜的果肉中的多酚含量更高，约为果肉的3倍。因此如果可能的话，带皮吃猕猴桃更有益健康。

从小白鼠实验中可以得知，猕猴桃具有的增加免疫细胞的作用，其效果仅次于香蕉和苹果。

而在增加免疫细胞方面，上文提到的香蕉的表现可谓独树一帜。成熟香蕉的芳香成分丁香油酚有着抑制癌细胞的效果。

对人类展开的流行病学调查中，受试人员被分成进食香蕉与未进食香蕉的两组。对照研究表明，相比未进食香蕉组，进食香蕉组罹患直肠癌、结肠癌的风险降低了72%。

蜜柑是日本人非常熟悉的水果。其中，在日本改良的品种温州蜜柑含有丰富的植化素β–隐黄质。它具有很强的抗氧化作用，不仅能抑制癌症，还能降低高血压、糖尿病、动脉硬化与心脏病等的发病风险。

蜜柑外皮内侧的白色部分含有植化素橙皮苷。这种成分具有抗过敏、抗病毒、强化血管以及促进血液循环等功效。因此，蜜柑也推荐带皮食用。

在"养命蔬菜汤"大显身手的餐桌上，搭配同样富含植化素成分的水果，会让大家的饮食生活变得更加丰富多彩。

本章小结

1 "养命蔬菜汤"的四种基础食材
卷心菜、胡萝卜、洋葱和南瓜。

2 做法十分简单，锅中加入食材和水，加盖煮熟即可
开大火煮开后加盖转小火慢煮20分钟。
洋葱皮、南瓜子、南瓜瓤也一起放入锅中煮。
无须调味，品尝蔬菜原本的甘甜与鲜美。

3 早餐前空腹喝效果更佳
为了完整摄取蔬菜的营养，连汤带蔬菜一起吃。
普通保健每天早上喝200~400毫升。
治疗代谢综合征等每天三次共喝600~1 200毫升。
治疗其他疾病期间每天三次共喝1 200~1 600毫升。

4 尝试多种烹饪手法，保存需冷藏或冷冻
变换烹饪手法，品尝不同风味，防止吃腻。
冷藏保存2~3天，冷冻可保存2~3周。

5 将喝"养命蔬菜汤"变成习惯，
有益健康，改变生活
完整使用全部蔬菜，减少垃圾，环保不浪费。
露天栽种的蔬菜，植化素含量更丰富。

第 2 章

植化素是保护身体的
"超级英雄"

植化素是植物为了抵御外敌而在细胞中生成的天然功能成分。

这是从植物性食品的色素、芳香成分，以及煮出的浮沫中发现的天然化学物质。这些物质有的具有抗氧化作用，有的能改善生活方式病，有的具有排毒、抗衰老、提升免疫力等功效，因此备受瞩目。

对于我们人类而言，这些成分是如此重要，但它们都无法在人体中自行生成，植化素因此变得更为珍贵。

如今，植化素因具有与五大营养素匹敌的功效而广为人知。据推测，自然界中存在超过一万种的植化素，人们正开展大量研究，试图发现新的有效成分。

植化素毫无疑问是非常重要的成分。与此同时，它们近在咫尺，是存在于我们身边的物质。每天我们吃下的蔬菜中，富含具有多种功效的植化素，不断为机体中与疾病抗争的机制助力。

由于植化素的英文"Phytochemical"与"Fight chemical"（可直译为战斗的化学物质）很相近，很多人误以为这个英文单词是"战斗的化学物质"的意思。从植化素那些有益而可靠的功效来考虑的话，这种误解似乎也有一定的道理。植化素究竟有何魅力呢？接下来我将逐一详细解说。

植化素是植物生成的天然功能成分

用功能成分预防生活方式病

心脏病、高血压、糖尿病、高脂血症、肥胖、癌症……这些常见的疾病又被称为生活方式病。此外，包括很多心脑血管问题在内的诸多疾病，都是由不良饮食习惯引发的。

针对这类疾病的治疗方法中，都少不了食疗的身影。换言之，吃什么、吃多少、怎么吃决定了日常饮食是会保护还是危害我们的健康。对此，我推荐大家在日常饮食中积极摄取植化素。

植化素是植物所独有的天然功能成分。虽然这些功能成分并非人类生存不可或缺的营养素，但在保持健康和预防疾病方面，它们都能起到举足轻重的作用，因此都是我们在日常饮食中应该积极摄取的重要成分。

植化素的具体功效有清除活性氧、排出代谢废物与有害物质、增强免疫力、抑制癌细胞增殖等。

为什么植物会生成具有这些功效的成分呢？原来，当日照变强时，动物可以转移到树荫下，遇到蚊虫侵扰时它们也能用尾巴或四肢将其驱赶。然而植物无法离开自己扎根的土地，也不能像动物那样通过活动身体来驱除危险，保护自己。植物们学会的"防身术"就是在体内合成植化素。

植化素与我们的生活紧密相关，大约九成的植化素都存在于蔬菜和水果这类每天都会进食的植物性食材中。

人们常说蔬菜鲜亮的颜色是维生素的颜色。其实，蔬菜与水果的颜色并非源自维生素，而是植化素的颜色。红、黄、绿、紫、白、黑，每一种颜色都蕴藏着有益身体的自然力量。

据推测，植化素多达一万多种，目前人类已发现的只有几千种。可以预见，今后人们还会找到更多的植化素。

植化素与五大营养素的不同

植化素是植物为了保护自己，抵御紫外线和害虫等外来威胁而生成的天然成分。这是植物独有的成分，我们人类只能通过摄取植物来获取植化素。这类物质是在最近几年才开始受到关注的。

过去，我们所学习的营养学是围绕五大营养素——碳水化合物（糖类和膳食纤维）、蛋白质、脂肪、维生素、矿物质展开的。后来，膳食纤维被称为第六营养素，又有人开始将植化素称为第七营养素。然而这种说法并不准确。因为植化素不像五大营养素那样，是构成人体的一部分，它们也无法为人体提供能量。不过，植化素所肩负的功能却与五大营养素一样重要。

一般认为，我们摄取的食物具有以下三种功能。

1. 承担营养成分的功能

食物转化为身体的构成部分，或为生命活动提供能量。五大营养素担负着这一功能。

2. 嗜好层面的功能

这是让餐食更美味、更香、更诱人的功能。五大营养素与植化素都具有这一功能。植化素为食物带来色泽、香气、苦味与涩味等。

3. 预防生活方式病等疾病的功能

因饮食引发的疾病也能通过饮食预防和治疗。这是植化素的优势，值得关注并充分利用。

五大营养素是身体所必需的营养，但它们也可能引发各种疾病。比如，碳水化合物摄取过量易引发肥胖与糖尿病，脂肪摄取过量易让人患上高脂血症，而盐分摄取过量则易引发高血压。植化素可以预防和治疗这些疾病。因为植化素种类繁多，功能各异，有的能抗氧化，有的可以提高机体的免疫力，还有的能预防血管老化、预防癌症、抑制过敏、美容养颜和维持眼睛的健康等。

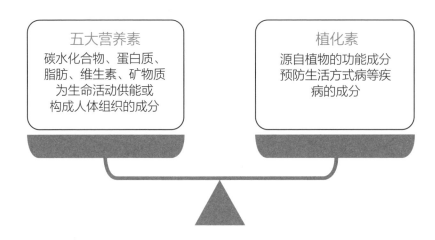

五大营养素
碳水化合物、蛋白质、
脂肪、维生素、矿物质
为生命活动供能或
构成人体组织的成分

植化素
源自植物的功能成分
预防生活方式病等疾
病的成分

植化素有着匹敌五大营养素的重要功能

植化素是预防现代生活方式病、帮助人们保持健康长寿的
关键。

哈佛大学研究成果的结晶——"养命蔬菜汤"

我长期在美国哈佛大学留学，致力于癌症与免疫方面的研
究，在《科学》与《自然》等世界顶级科研期刊上发表了许多
论文。"养命蔬菜汤"就是这些研究成果的结晶。

我不认为这道汤仅仅只是有助于健康的方便型饮品。对于前来我们医院治疗的患者们，我也积极地推广"养命蔬菜汤"，并获得了仅靠服用药物所无法实现的治疗效果。

　　"养命蔬菜汤"具有以下作用。

1. 通过抗氧化作用清除体内活性氧

　　卷心菜和南瓜中的维生素C、南瓜中的维生素E、洋葱中的大蒜素与槲皮素、胡萝卜和南瓜中的α-胡萝卜素与β-胡萝卜素，这些成分都具有清除活性氧的抗氧化作用。

2. 清除体内毒素

　　卷心菜中的异硫氰酸酯具有排毒作用，能增加肝脏中的解毒酶，将致癌物等有害物质无毒化。另外，卷心菜、洋葱和胡萝卜中的膳食纤维能调节肠道菌群的平衡，促进排便，有助于将有害物质排出体外。

3. 增强免疫力

　　比如，胡萝卜中的β-胡萝卜素能激活NK细胞、T淋巴细胞与巨噬细胞，从而提高免疫力。除此之外，β-胡萝卜素还能在体内转化为维生素A，可以强化黏膜的免疫屏障功能。卷心菜和南瓜富含维生素C，能促进干扰素的合成，从而增强免疫力。

4. 抑制过敏与炎症

　　胡萝卜与南瓜中的β-胡萝卜素以及南瓜中的α-生育酚可

以共同作用于引发过敏反应的IgE抗体[①]，抑制其生成，从而改善过敏体质。而洋葱中的槲皮素也能抑制IgE抗体的生成以抑制过敏反应，它还能抑制细胞因子与前列腺素等的生成，从而抑制炎症反应。

5. 降低血液黏稠度与预防动脉硬化

卷心菜中的异硫氰酸酯、洋葱中的槲皮素能降低血液黏稠度，预防心肌梗死与脑梗死。胡萝卜与南瓜中的β–胡萝卜素能防止低密度胆固醇的氧化，预防动脉硬化。

6. 降血压

"养命蔬菜汤"中富含钾。这种矿物质有助于促进盐分通过肾脏排出体外。另外，汤中的膳食纤维含量也很丰富，能阻止盐分被人体吸收，从而辅助治疗高血压。汤中没有放盐调味，还能轻松实现减盐饮食。

7. 辅助治疗肥胖、高血糖以及高脂血症

"养命蔬菜汤"富含膳食纤维，在餐前喝汤，能减少对碳水化合物与胆固醇的吸收，辅助治疗肥胖、高血糖与高脂血症等。

8. 调理胃肠功能

坚持喝"养命蔬菜汤"能改善胃肠功能。因为大量的膳食纤维能改善排便，卷心菜中的维生素U还能保护胃黏膜。

[①]存在于血液及体液中，是抵御病原体的一种免疫球蛋白。与肥大细胞结合后，会引发各种症状。一般认为，血液中的IgE值越高，过敏反应就越强。

9. 预防癌症

植化素能通过以下四种能力预防癌症。

❶ 清除让基因受损的活性氧

维生素C（卷心菜、南瓜）：通过抗氧化作用保护基因。

烯丙基化硫、槲皮素（洋葱）：通过抗氧化作用保护基因。

α–胡萝卜素（胡萝卜）：通过抗氧化作用保护基因。

β–胡萝卜素（胡萝卜、南瓜）：通过抗氧化作用保护基因。

❷ 分解、排泄致癌物质

异硫氰酸酯（卷心菜）：增加解毒酶，使致癌物质无毒化。

膳食纤维（卷心菜、洋葱、胡萝卜）：促进有害物质的排泄。

❸ 增强免疫力和抑制炎症

β–胡萝卜素（胡萝卜、南瓜）：激活NK细胞与T淋巴细胞。

槲皮素（洋葱）：抑制引发癌症的炎症反应。

❹ 抑制癌变

异硫氰酸酯（卷心菜）：诱导癌细胞自然凋亡。

槲皮素（洋葱）：直接抑制癌细胞的增殖。

"养命蔬菜汤"的优点是通过常见的蔬菜就能摄取功效斐然的各种植化素。为了体验植化素的惊人力量，尽早开始尝试制作这道能够带来奇迹的蔬菜汤吧！

六组植化素及其功效

植化素可大致分为如下六大类。

1. 抗氧化物质——多酚

常见的多酚类物质有红葡萄酒与蓝莓中的花青素，大豆中的大豆异黄酮，绿茶中的儿茶素等。

2. 蔬菜的辣味与刺激性气味的来源——硫化物

山葵、卷心菜、白萝卜和西蓝花等蔬菜的辣味来自异硫氰酸酯。大蒜与大葱的特殊气味则源自半胱氨酸亚砜。

3. 绿黄色蔬菜中的色素成分——类胡萝卜素

α-胡萝卜素、β-胡萝卜素、β-隐黄质、叶黄素和玉米黄质呈黄色。番茄红素、虾青素和辣椒素呈红色。岩藻黄质则是黑色的类胡萝卜素。

4. 归入膳食纤维的多糖类物质

菌菇中的β-葡聚糖、岩藻多糖、果胶是多糖类物质，其因具有抗癌与增强免疫力的功效而备受瞩目。

5. 氨基酸类物质

牛磺酸和谷胱甘肽等属于氨基酸类物质。

6. 柑橘类等果蔬中的苦味成分与芳香成分

如香蕉中的丁香油酚、柑橘类中含有的柠檬烯等。

植化素是蔬菜和水果中所独有的天然功能成分。它们并非五大营养素中的一种，我们人类也无法在身体中自行合成。五大营养素能构成人体的组织，或为生命活动提供能量，毫无疑问，它们都是维持生命所不可或缺的营养物质。然而，过量摄取五大营养素则会引发疾病，生活方式病就是很好的例子。植化素具有调节人体各项机能、提高抗病能力的作用。因此，可以说植化素有着预防、辅助治疗现代人诸多常见疾病的惊人力量。

植化素虽然不属于五大营养素之一，但它们可以促进活性氧的无毒化，活性氧正是五大营养素等转化为能量时产生的代谢废物。不仅如此，植化素还能调节免疫平衡、抑制癌细胞增殖，是具有重要功效的功能成分。

常见蔬菜中富含有益身体健康的天然成分

中老年之友，用抗氧化作用预防生活方式病

你是否也有腰围猛增、血压变高等问题，是否被医生提醒"请注意生活习惯"呢？不久之前，生活方式病还被称为"富贵病"。除了广为人知的心脏病或高血压、糖尿病和高脂血症以外，肥胖和癌症其实也是生活方式病。日常饮食、运动和睡眠等生活方式上的不良习惯是引发上述病症的原因，生活方式病因此而得名。

生活方式不良，会促使身体中产生大量有害的活性氧，其中最具有代表性的就是过氧化物。不过，身体中的酶可以将这些有害物质进行无毒化处理。这种让活性氧无毒化的功效就是抗氧化作用。

抗氧化能力较强的植化素

多酚	红葡萄酒、紫薯、紫苏、草莓	花青素
	蔓越莓、葡萄籽	原花青素
	绿茶	儿茶素
	芝麻	木脂素 （芝麻素等的总称）
类胡萝卜素	胡萝卜	α-胡萝卜素
	胡萝卜、南瓜	β-胡萝卜素
	番茄、西瓜	番茄红素
硫化物 （半胱氨酸亚砜类）	大蒜	大蒜素、大蒜烯
	洋葱、大葱	烯丙基化硫
	韭菜	S-甲基半胱氨酸硫氧化物

排毒：将有害物质无毒化

身处现代社会之中，很难避免食品添加剂、农药、汽车尾气等有害物质（外源性物质）侵入身体。通过排泄将有害物质彻底排出体外当然重要，在排泄前将进入体内的有害物质无毒化，并转化为便于排泄的形态也十分关键。

这一系列的生理反应叫作"排毒"。排毒包含了"解毒"与"排泄"两方面。有害物质先经过无毒化处理，将需要排出体外的物质转化为易溶于水的形态。正因为有了这个步骤，才能将那些不需要的废物通过汗液、小便和大便排出体外。

人体中最大的脏器肝脏是排毒过程中的总负责，担负着核心任务。肝脏一手包揽了五百多种功能，仿佛一个综合型生化工厂。这些功能的其中之一就是进行"去毒"的排毒作用。排毒分为两步，一是生物酶发挥药理作用，二是将处理过的有害物质转化为易溶于水的形态。这两步分别用到了不同的生物酶。当有毒物质大量侵入人体时，解毒酶的作用无法跟上处理的速度，而年龄增长与肝硬化等疾病也会造成生物酶的活性低下。

下页表中罗列的植化素能为肝脏的解毒能力提供很好的助力。

能激活解毒酶的植化素

多酚	姜黄、咖喱粉	姜黄素
	西芹	瑟丹酸内酯（芹菜镇定素）
硫化物（异硫氰酸酯）	西蓝花	萝卜硫素
	卷心菜	异硫氰酸苄酯、异硫氰酸苯乙酯
	白萝卜、山葵	异硫氰酸烯丙酯（芥末素）
硫化物（半胱氨酸亚砜类）	大蒜	烯丙基二硫醚、二烯丙基三硫化物
氨基酸类化合物	芦笋	谷胱甘肽

增强免疫力，不易患感冒

容易患感冒、容易感染念珠菌或疱疹、疲劳后容易诱发带状疱疹、易患口腔溃疡……经常出现这些症状的人可能就有免疫力低下的问题。

负责为人体提供免疫力的是白细胞中的淋巴细胞和粒细胞等各种免疫细胞。想要提高免疫力，就需要增加免疫细胞的数量或保持免疫细胞的活性。许多植化素都能提高免疫力。除此之外，当免疫失衡，会对食物、花粉或螨虫等触发过度免疫，从而出现过敏反应，或是对自体的攻击力太强而引发炎症性疾病。植化素也能很好地抑制这类反应。

植化素对免疫机能可以产生以下几种作用。

1. 强化与病原体、癌细胞战斗的免疫细胞，增强它们的攻击性。

2. 维持免疫活力，保持对抗病原体与癌细胞的免疫力。

3. 调节失控的免疫系统，增强其对过敏反应以及炎症的抑制力。

多酚	生姜	姜酚	增加白细胞数量，提高攻击力
硫化物 （半胱氨酸亚砜类）	大蒜	大蒜素	激活NK细胞
类胡萝卜素	胡萝卜	β-胡萝卜素	激活NK细胞、T淋巴细胞和吞噬细胞
多糖类物质	菌菇类	β-葡聚糖	激活NK细胞、树突状细胞[*1]
	海藻类	岩藻多糖	
芳香成分	香蕉	丁香油酚	增加白细胞数量
维生素	卷心菜	维生素C	促进干扰素的生成与分泌

*1 树突状细胞：吞噬病原体的免疫细胞，也是将病原体的信息传递给免疫备战部队的免疫细胞。

能维持免疫活性、保持免疫力的植化素

类胡萝卜素	胡萝卜	β-胡萝卜素	激活T淋巴细胞、吞噬细胞，转化为维生素A，强化皮肤和黏膜的免疫屏障功能
	虾、蟹、鲷鱼	虾青素	预防因精神压力导致的免疫力低下
多糖类物质	菌菇类	β-葡聚糖	激活树突状细胞
	海藻类	岩藻多糖	
	芋头、山药	黏液素	提高免疫机能
维生素	卷心菜	维生素C	促进干扰素的生成与分泌
	海苔、辣椒	维生素B$_2$	有助于免疫细胞的再生，保护黏膜
	辣椒、魔芋、荞麦	维生素B$_6$	保证正常的免疫机能
其他	魔芋、牛蒡、南瓜	膳食纤维	调节肠道免疫机能

能激活解毒酶的植化素

黄酮类化合物、多酚	洋葱	槲皮素	抗过敏作用：抑制IgE抗体的生成 抗炎症作用：抑制细胞因子和前列腺素等的生成
	青椒	木犀草素	抗过敏作用、抗炎症作用：抑制白三烯的生成
	日本柚子、蜜柑皮的白色部分	橙皮苷	抗过敏作用、抗病毒作用
	蔓越莓、葡萄籽	原花青素	抗过敏作用、减轻炎症
非黄酮类化合物、多酚	生姜	姜酚	抗过敏作用、抗炎症作用

清除致癌因子

构成我们人体的细胞依据其内在机制（基因程序），会进行一些分裂、增殖，完成自身使命后便会自然凋亡。秋天枯叶会飘落，蝌蚪长大变成青蛙后尾巴会消失，这些都是细胞依照一定的基因程序而自然凋亡的现象。

细胞分裂时，遗传信息会不断复制和增加，有时也会因某些原因出现复制错误。因这种复制错误而产生的异常细胞每天会生成5 000~6 000个，这就是癌细胞的来源。复制错误会阻碍诱导细胞自然凋亡的内在机制，致使癌细胞不断地异常增殖。

在癌细胞生成的过程中，活性氧与致癌物质是遗传信息复制错误的"诱因"，它们破坏了细胞的自然凋亡机制，诱发癌变，同时还降低了人体的免疫力。而植化素可以重置这些诱发癌症的条件，植化素具有如下作用：

1. 抗氧化作用；

2. 排毒作用；

3. 提高免疫力的作用；

4. 预防癌症以及直接抑制癌细胞增殖的作用。

能通过抗氧化作用保护基因、抑制癌细胞增殖的植化素

黄酮类化合物、多酚	红葡萄酒、紫薯、紫苏	花青素
	大豆	大豆异黄酮
	洋葱	槲皮素
	韭菜、西蓝花	山柰酚
	绿茶	儿茶素
非黄酮类化合物、多酚	芝麻	芝麻素
	咖啡	绿原酸
	米糠 糙米 咖啡	阿魏酸
	红葡萄酒	白藜芦醇
类胡萝卜素	胡萝卜	α-胡萝卜素
	胡萝卜、南瓜	β-胡萝卜素
	蜜柑	β-隐黄质
	番茄 西瓜	番茄红素
	羊栖菜	岩藻黄质

能通过排毒作用预防癌症的植化素

黄酮类化合物、多酚	西芹	瑟丹酸内酯（芹菜镇定素）
非黄酮类化合物、多酚	姜黄、咖喱粉	姜黄素
硫化物（异硫氰酸酯）	西蓝花	萝卜硫素
	卷心菜	异硫氰酸苄酯、异硫氰酸苯乙酯
	白萝卜、山葵	异硫氰酸烯丙酯
硫化物（半胱氨酸亚砜类）	大蒜	烯丙基二硫醚、二烯丙基三硫化物
氨基酸类化合物	芦笋	谷胱甘肽

非黄酮类化合物、多酚	生姜	姜酚	增加白细胞数量，提高攻击力
硫化物（半胱氨酸亚砜类）	大蒜	大蒜素	激活NK细胞
类胡萝卜素	胡萝卜	β-胡萝卜素	激活NK细胞、T淋巴细胞、吞噬细胞，维生素A能保护黏膜
多糖类物质	菌菇类	β-葡聚糖	激活NK细胞、树突状细胞，攻击癌细胞
	海藻类	岩藻多糖	激活NK细胞，攻击癌细胞
芳香成分	香蕉	丁香油酚	增加白细胞数量，激活吞噬细胞

直接抑制癌细胞增殖，诱导其凋亡的植化素

· 能抑制癌细胞增殖的植化素

黄酮类化合物、多酚	大豆	大豆异黄酮	抑制乳腺癌和前列腺癌的恶化
	洋葱	槲皮素	抑制癌细胞增殖
	绿茶	儿茶素	
	红茶	茶黄素	
类胡萝卜素	番茄、西瓜	番茄红素	抑制前列腺癌和肺癌细胞的增殖
	羊栖菜	岩藻黄质	抑制癌细胞增殖

· 能诱导癌细胞凋亡（自然死亡）的植化素

硫化物（异硫氰酸酯）	白菜	二吲哚甲烷	诱导癌细胞凋亡（自然死亡）
	卷心菜	异硫氰酸苄酯、异硫氰酸苯乙酯	
	山葵	异硫氰酸酯	
硫化物（半胱氨酸亚砜类）	大蒜	大蒜素、大蒜烯、烯丙基二硫醚	有让癌细胞停止分裂的作用，能诱导癌细胞自然死亡

降低血液黏稠度，防止动脉硬化

日本人的三大死因，按照其致死率的高低依次为癌症、心血管疾病和脑血管疾病。癌症依然是导致死亡的第一大原因。我想，关于癌症的可怕之处大家想必应该非常清楚了。

不过，位列第二与第三位的心血管疾病与脑血管疾病，虽然其发病部位分别在心脏与大脑，其实这二者都是由血管阻塞、血流不畅引发的疾病。

当血压值偏高，血液中的甘油三酯与胆固醇过多，同时又持续过着不规律的生活时，血管就会逐渐失去弹性，进而引起动脉硬化，形成粥样性斑块（附着在血管壁上的胆固醇团块），血管变得脆弱，血液呈黏稠状。最终导致形成血栓，阻塞血管，引发致命疾病。植化素对预防这些可怕病症有着极好的辅助作用。

血栓是血液凝结而成的团块，如果能避免血液凝结，就无须担心血管阻塞。植化素可以抑制血小板的凝血功能，同时还能防止血管中的低密度胆固醇氧化，预防血管壁上斑块的形成。

能降低血液黏稠度的植化素

黄酮类化合物、多酚	洋葱	槲皮素
	红葡萄酒	花青素
	荞麦	芦丁
硫化物 （半胱氨酸亚砜类）	大蒜	烯丙基二硫醚、 烯丙基甲基硫醚、 大蒜烯、 二噻英
硫化物 （异硫氰酸酯）	白萝卜、山葵	异硫氰酸烯丙酯
	卷心菜	异硫氰酸苄酯、 异硫氰酸苯乙酯

能防止低密度胆固醇氧化的植化素

黄酮类化合物、多酚	红葡萄酒	花青素
	红茶	茶黄素
非黄酮类化合物、多酚	芝麻	芝麻素、芝麻林素
	芝麻油	芝麻素酚、芝麻酚
	咖啡、 红葡萄酒	绿原酸、白藜芦醇
硫化物 （半胱氨酸亚砜类）	大蒜	大蒜素
类胡萝卜素	胡萝卜、南瓜	β-胡萝卜素
	蜜柑	β-隐黄质
	番茄	番茄红素

燃烧脂肪，促进代谢，实现减肥

轻轻捏一下肚子上软乎乎且下垂的肥肉，我们不禁自问："人到底是怎么长胖的呢？"我也曾为这一问题烦恼不已。让我们一起来梳理一下，看一看人究竟为什么会长胖，怎么做才能恢复到正常体型。

我们人类在维持心跳、呼吸等基本生命活动时会消耗能量，就如让汽车跑起来需要汽油一样，我们的身体则通过摄取食物来获取这些能量。能量的计量单位就是大家所熟知的卡路里。

一天之中，如果什么都不做，仅仅维持生命体征最低限度的能量消耗叫作基础代谢。但在实际生活中，人们会行走、做运动，进行各种活动，因此会在这一基础上消耗更多的能量。

当我们摄取的能量超过了日常身体活动加上基础代谢所需能量的总和时，剩余能量便会转化为脂肪被人体储存起来，人就会变胖。如果消耗的能量超过摄取的能量，身体便会分解原本就储藏在体内的脂肪，人就会变瘦。

有减肥效果的植化素含有能促进这一过程的有效成分。辣椒的辣味成分辣椒素、大蒜的气味来源大蒜素等植化素能提高代谢水平，促进体脂肪的燃烧。

另外，近期的研究表明，番茄中的13-oxo-ODA（亚油酸）具有打开负责激活脂肪代谢的生物酶基因开关的作用。摄取后能降低中老年人的健康大敌——甘油三酯的数值，还有治疗脂肪肝的功效。

　　我自己通过喝含有多种植化素的蔬菜汤，成功且健康地减重
15千克。

具有减肥效果的植化素

辣椒	辣椒素	促进人体分泌肾上腺素，提高代谢水平，促进体脂肪的燃烧
生姜	姜酚	激活交感神经，提高代谢水平，促进体脂肪的燃烧
大蒜	大蒜素	与维生素B$_1$结合产生蒜硫胺素以及两个以上的大蒜素结合产生的烯丙基二硫醚能诱导去甲肾上腺素的分泌，燃烧甘油三酯，减少体脂肪
番茄	13-oxo-ODA（亚油酸）	有着打开负责激活脂肪代谢的生物酶基因开关的作用，能降低甘油三酯的数值，还有研究称能改善脂肪肝

抗衰老：预防大脑、眼睛以及骨骼老化

"年纪大了自然会衰老！"——对此，谁都不会提出质疑。然而，明明年龄相同，有的人皮肤光泽、头脑灵活，有的人却一看外表就知道上了年纪。为什么会形成这样的个体差异呢？关于衰老的机制，我们还有许许多多尚未探明之处，从现在掌握的信息来看，一般认为是细胞持续受到损伤而引发了衰老。

细胞受损的原因中，最广为人知的便是细胞的氧化。进入人体的氧气会有一部分变为活性氧，它们与脂肪细胞相结合引发了细胞的氧化。氧化会造成细胞受损，比如，皮肤真皮层中的胶原蛋白会变硬失去弹性，从而加速衰老。

衰老无法避免，但我们可以延缓衰老的进程。植化素的抗氧化作用能防止细胞氧化。另外，排毒作用可以从身体内部防止衰老。

不仅如此，植化素在降低血液黏稠度和预防动脉硬化方面的作用还可以进一步防止血管老化。还有一些植化素能防止大脑、眼睛与骨骼等身体各个部位的老化，有着很好的抗衰老功效。

能预防大脑老化的植化素

黄酮类化合物、多酚	草莓	漆黄素	提高记忆力，预防阿尔茨海默病
	红茶	茶黄素	预防因衰老引发的认知障碍
非黄酮类化合物、多酚	红葡萄酒	白藜芦醇	降低阿尔茨海默病与认知障碍的发病风险
	迷迭香	鼠尾草酸	改善记忆力，预防因脑缺血引发的神经细胞坏死
	糙米、咖啡	阿魏酸	改善阿尔茨海默型认知障碍

能预防眼睛老化的植化素

黄酮类化合物、多酚	蓝莓	花青素	与视网膜上的感光蛋白视紫红质的再合成有关，能改善暗视觉
类胡萝卜素	菠菜	叶黄素	能延缓老年性视网膜黄斑变性症与白内障的发展
	玉米	玉米黄质	
	蜜柑	β-隐黄质	预防因衰老引发的视力低下

能预防骨骼老化的植化素

黄酮类化合物、多酚	大豆	大豆异黄酮	对骨质疏松具有预防作用
	西蓝花、绿茶	山柰酚	

调节自主神经系统，缓解精神压力

精神压力是指因遭受来自外部的各种刺激，对身心造成负担，出现身心亚健康，或长期忍受不良情绪，在内心积聚了自身无法化解的情绪的状态。不知大家是否也有类似的问题呢？

精神压力引发自主神经系统紊乱，会导致内分泌失调、代谢不良，让人容易焦虑不安。上述情况持续恶化后，会引发胃溃疡、胃癌、过敏性肠道综合征或抑郁症等诸多疾病。

有几种植化素可以缓解精神压力，直接作用于上述疾病的根源。

能缓解精神压力的植化素

生姜	α-蒎烯	能刺激大脑皮质，缓解精神压力
洋甘菊	桉叶素	有助睡眠
欧芹、西芹	芹菜苷	具有缓和过敏神经的镇静作用，以及缓解不安和安定精神的作用
西芹	瑟丹酸内酯（芹菜镇定素）	具有抗炎症作用，能缓解头痛

本章小结

1 植化素是由植物产生的天然功能成分

植化素是具有抗氧化、分解有害物质、增强免疫力以及抑制癌细胞增殖等诸多重要功效的功能成分。

2 植化素是保护身体的超级英雄

植化素有着"保护身体"的功能，其重要性堪比五大营养素。

3 养命蔬菜汤

这是源自哈佛大学科研成果的植化素之汤。通过饮食帮助摄取常见蔬菜中的植化素。

4 植化素可分为六大类

①多酚　　　　②硫化物　　　　③类胡萝卜素
④多糖类物质　⑤氨基酸类物质　⑥芳香物质

5 植化素的重要作用

· 抗氧化　　　　　　　· 排毒
· 增强免疫力　　　　　· 抑制癌细胞增殖
· 降低血液黏稠度、预防动脉硬化
· 减肥　　· 抗衰老　　· 缓解精神压力

确诊肝癌，几乎放弃生命，是"养命蔬菜汤"拯救了我

◎ 六十多岁·女性

因为孩子们劝说"年过六十应该多注意身体"，我时隔好几年去做了体检。没想到查出"可能患有B型肝炎与肝硬化"。为了确认检查结果，我马上找到肝病专家高桥医生接受检查。

检查的结果是疑似肝癌，我立刻带着高桥医生的介绍信去综合医院接受更精密的检查。结果确诊为肝癌，最害怕的事情变成了现实。

当时，我几乎放弃了自己，心想："这就算走到人生尽头了吧？"但综合医院的医生告诉我，放射性疗法对肝癌的治疗效果

很不错，我马上接受了放射性治疗。之后，每三个月都会前往综合医院接受检查，而B型肝炎则由高桥医生负责治疗。

就在那个时候，高桥医生介绍给我这道"养命蔬菜汤"。

我按照高桥医生的指导，用蔬菜煮汤喝。尝试之后发现这种汤具有蔬菜本身的鲜美，喝起来十分享受。

现在，让我胆战心惊的肝癌不再继续恶化，肝功能的数值也不再异常。原本查看每月的检查结果都让我心惊肉跳，现在却成了我每月一次的期待。

自从开始喝"养命蔬菜汤"，不仅肝功能好转，长期困扰我的高血压与便秘也得到了改善。随着年龄增长不断增加的体重，也在我坚持喝汤后的半年时间内减少了整整15千克。

高桥医生也说我比过去开朗多了，确实，我的心态乐观了不少，今后还有很多事想要尝试和挑战。

多亏了这道汤，我才有了这些改变。我现在的生活已经完全离不开"养命蔬菜汤"了。

第**3**章

保护身体的神奇机制

在我们身边，存在着无数肉眼看不到的细菌和病毒。我们呼吸着空气，接受着来自大地与海洋的恩惠。对我们而言，不论如何努力保持清洁，病原体都会不可避免地附着到皮肤上，侵入身体。请想象一下，我们生活在一个无论何时都有无数"敌人"试图侵害我们身体健康的世界中。

　　而为生活在如此危险环境之中的我们提供保护的，就是名为"免疫"的一种人体防御机制。它是人类生存不可或缺的重要机制。

　　平时，我们几乎不会意识到免疫机制在发挥作用。疲惫的身体恢复精神，生病发高烧后身体痊愈，受伤的创口在不知不觉间长好——这些都是我们认为理所当然的事，其实都是人体的免疫机制在发挥作用。

　　当我们对这些习以为常的免疫机制产生疑问时，就会发现人体是如此不可思议，令人忍不住啧啧称奇。

　　那究竟什么是免疫呢？

　　请带着这个质朴的疑问往下阅读，你会发现，原来我们竟对自己的身体一无所知。因为无知，一直以来做了许多不利于身体健康的事，养成了许多不利于身体健康的不良习惯。通过了解人体免疫机制的巧妙之处，我们会更加明白这一机制为何会如此敏感及脆弱。

　　富含植化素的"养命蔬菜汤"为何能成为人体免疫强有力的伙伴呢？

　　了解这些知识，也是在更深入地了解我们自己。

什么是免疫力

所谓"免疫",从字面意思看就是免于疫病。这两个字很好地体现了免疫的独特机制,即不论面对什么样的疾病,一次患病后,不会再患第二次。

"一次患病后,不会再患第二次",这究竟是怎么回事呢?打个比方来说,假设你是一名需要与对手直接对战的运动员。在比赛中,面对初次交手的对手,比赛会比较艰难。因为我们对于对方擅长哪些招式、有怎样的特点等信息一无所知。不过,等到第二次与这位选手比赛时,情况就大不相同了。因为初次交手时,我们花了很大力气记住了对方的各种特点,了解了对方的行动模式。

免疫的机制与此十分相似。与初次遇到的病原体战斗时会耗费一番功夫,但在第一次战斗中,我们能够彻底掌握对方的信息。等到第二次再遇到相同的病原体时,就能很好地抵御对方的攻击了。不仅如此,免疫机制还能针对病原体的弱点展开进攻，将其击溃。如此一来，人体也就不会再感染这种病原体了。即便感染，症状也很轻微，很快就能恢复健康。

像这样，免疫机制会记住曾经交过手的病原体，保护我们的身体不会再次感染相同的病原体。这一特点被称为"免疫记忆"。

利用免疫机制的这种特点来预防疾病的方法就是接种疫苗。接种过腮腺炎疫苗、麻疹疫苗与水痘疫苗的人通过疫苗轻度感染了经过减毒处理的病原体，从而避免了第二次感染相关病原体。免疫细胞记忆了数不清的病原体，从而防止我们的身体在第二次感染时出现重症。

免疫是保护我们身体免受病原体侵扰所不可或缺的机制。为了让这一机制充分发挥作用，应该努力改善身体，打造免疫机制更容易发挥作用的环境。除了保证正确良好的生活习惯外，还应注意在日常饮食中多摄取"养命蔬菜汤"这类能为免疫细胞提供助力的食物。

如何提高免疫力

说到提高免疫力，大家脑海中浮现出的是怎样的印象呢？

是不怎么感冒，也不会轻易患上肺炎，对侵入身体的病毒、细菌等病原体的攻击力很强吗？还是对癌细胞的攻击力很强，不容易罹患癌症？那么，提高免疫力之后，就真的不会得病吗？

让我们来想象一下如下场景。

···

三个人在一间房间内开会。A是体力与精神都很充沛、不怎么患病的年轻人，但他没有接种流感疫苗。B是不得不避免参加剧烈运动的老年人，但他每年都接种疫苗。而C早上起床就有些低烧，喉咙痛还咳嗽，勉勉强强出席了这次会议。看样子，C感染了流感病毒。

三个人在门窗紧闭的房间里开会，那么谁被C传染流感的概率更高呢？

乍看之下，也许会认为年长且体力衰弱、免疫力看起来也不怎么高的B更容易得流感，可事实上，年富力强的A患流感的可能性更高。

···

从这个例子中我们可以看出，即便是年长且体力衰弱的老年人，只要接种疫苗具备了免疫力，就不容易得流感。

换言之，"免疫力高"意味着首先是自己具备了抵抗尚未患过的疾病的免疫能力，其次身体环境本身也更容易获得免疫能力。

接种疫苗固然十分重要，但如果我们的身体无法充分发挥包括注射过的疫苗在内的免疫能力，那么原本可以有效预防疾病的疫苗也将无法发挥出应有的作用。

不仅如此，免疫过度还会引发花粉症、过敏性皮炎等过敏性疾病。另外，免疫机制转而攻击"自己"还会引发风湿或胶原病等炎症性疾病。对这类失控的免疫机制踩下刹车，强化抑制过敏与炎症的作用也是一种"提高免疫力"的方式。

这些生活习惯都会降低免疫力

容易感冒、容易得疱疹、时常腹泻、容易得口腔溃疡……这类日常生活中常见的身体不适，其实都是免疫力低下容易引发的问题。这些问题想必让不少人深感困扰。这也说明，人体的健康比大家所想象的更依赖免疫机制。

本书旨在说明通过摄取一定量的植化素可以帮助人体提升免疫力，那就有必要了解一下究竟哪些情况会造成免疫力的下降。"这种情况，经常发生呢。""欸，原来这个也和免疫力有关啊！"——日常生活中稀松平常的一些细节，有不少竟都是引发免疫力低下的元凶。

1. 衰老——是不是比过去更容易感冒

与年轻时相比，身体活动不够灵活，出现老花眼看不清楚、听力下降耳背等身体变化十分常见。与此同时，免疫力也会随着年龄的增长而逐渐衰弱。

一般认为，免疫力在二十至四十岁之间达到巅峰，年过四十之后，会逐渐下降到最佳水平的二分之一左右。因此，随着年龄的增长，年轻时能简单快速治愈的疾病开始变得难以康复，癌症的发病率也会不断提高。

保护我们免受病原体侵扰的免疫机制与许许多多的免疫细胞息息相关。这些免疫细胞是由骨髓中的造血干细胞及胸腺等生成的。随着年龄的增长，骨髓与胸腺开始萎缩，生成的免疫细胞越来越少，引发免疫力低下。

随着免疫机能的老化，我们不仅更容易感冒，一旦感染了细菌或病毒等病原体，也更容易发展为重症。比如，因流感而丧生的人群中，六十岁以上的老年人占比更高。所以对高龄人士而言，流感也被称为是"吹灭老人最后生命之火的疾病"。

2. 肥胖——长胖会造成免疫力下降

有些人因为太胖穿衣服不好看而立志减肥，有的人则是从健康角度出发，不论动机如何，减肥确实有益健康。

体重增加后，不仅会给骨骼和关节造成更多的负担，造成腰部、膝盖疼痛，还会增加糖尿病、高血压、高脂血症、大肠癌和乳腺癌等多种疾病的发病风险。超出微胖限度的肥胖是增加诸多疾病发病风险的万恶之源。

有研究调查统计了因新型流感而死亡与重症人群的体型后

发现，肥胖人群的占比更高。研究认为，这是因为肥胖人士的免疫力低下，对流感病毒的抵抗力不足。

另外，有研究表明，内脏脂肪较多的人在大肠癌的术后，更容易感染肺炎或发生创口化脓。同时，还有研究指出，肥胖会扰乱调节免疫机能的细胞因子的功能，从而引发免疫机能的失衡。

除此之外，还应注意保持健康的生活作息习惯。人体会通过体内的生物钟调节生活节奏，控制自主神经与体内激素的分泌。作息紊乱会扰乱这些调节功能，造成免疫力低下，并增加代谢综合征及多种癌症的发病风险。

3. 精神压力——整日烦恼或内心疲惫需警惕

有人说，精神压力也是人生的调味料。的确，适度的紧张感有着激发个人潜能的效果。可当精神压力太大或长时间持续时，就会对免疫力造成不良影响了。

在东日本大地震①后，许多受灾民众承受了巨大的精神压力。之后，他们被迫长期居住在应急避难房中，这种生活无疑也延长了精神压力的时间。有的受灾人员因为这样的压力引发身体不适，甚至有人不幸离世。千万不要认为精神压力不过就是心态问题而不予以重视，精神压力也可能会引发无可挽回的

---

① 一般指3·11日本地震。2011年3月11日发生在日本东北部太平洋海域的强烈地震。

悲剧。

面对侵入身体的病原体，使用"抗体"作为武器将病原体歼灭是击退敌人的方法之一。研究表明，这种抗体是由被称为免疫球蛋白的蛋白质生成的。当人处于高度精神压力之下时，免疫球蛋白中能抵御细菌与病毒感染的免疫蛋白A成分会减少。而率先攻击癌细胞的免疫细胞（NK细胞）也会出现活性不足的情况。

4. 香烟与酒——嗜好品背后潜藏的可怕后果

借用一句大家都听腻了的话来说，吸烟有百害而无一利。希望还在吸烟的读者以阅读本书为契机，从现在开始，马上戒烟。

吸烟会对身体产生诸多不良影响。如"尼古丁会让血管收缩，不利于人体的血液循环""吸烟会引发免疫细胞之一的淋巴细胞减少""会造成免疫细胞之一的巨噬细胞的活性不足""减少唾液的分泌量""阻碍纤毛排出支气管与肺部异物的能力""消耗具有提高免疫力作用的维生素C""吸入大量有害物质，会引发免疫机能疲劳"等。

酒也是一样。如果饮酒过量，则会对身体造成很大的伤害。酒精经过肝脏的分解会转化为具有较强毒性的乙醛。这种物质会对人体的染色体、基因造成伤害，还有很大概率会生成癌细胞。另外，研究已证明，过量饮酒会大幅削弱免疫细胞的功能。

5. 过食、挑食——不良的饮食习惯是免疫力低下的罪魁祸首

我们从小就被教育"只吃八分饱""不能挑食，什么都要吃"。这些教诲太过寻常，人们根本不会把它们放在心上。其实，从提升免疫力的角度来看，这两句教诲有着极为重要的意义。

过量进食与营养不均衡的饮食习惯都会造成免疫力低下。要激活免疫细胞，就必须均衡地摄取优质的蛋白质。因为蛋白质是生成击退病原体的免疫细胞以及各种抗体的原材料。

各种营养素通过共同作用，维持着人体的免疫力。因此，注意营养均衡，不挑食，积极摄取蔬菜、水果、豆类以及未经精加工的全谷物等食物非常重要。

6. 食品添加剂、抗生素——别再伤害作为免疫先锋的肠道了

为了防止免疫力低下，我们应尽量避免挑食，摄取各种各样的食物。但这并不意味着什么都可以随便吃。摄取为了加工和保存食物而添加的食品添加剂或含有抗生素的药品，也会造成免疫力低下。

肠道是将吃进肚子里的食物进行消化，然后吸收其中营养的器官，也是最常暴露在病毒与细菌面前的器官。因此，肠道是人体中免疫细胞最集中、防御网最严密的地方。这一免疫防御网会在肠道环境良好时发挥出最强有力的作用。

然而，食品添加剂对能改善肠道环境的有益菌没有任何益处，反而会增加危害肠道健康的有害菌的数量。摄取食品添加

剂后，会使肠道中的有益菌与有害菌的比例失调，从而引发免疫力低下。

抗生素一般认为会与免疫细胞共同抵御感染，但它们不分敌我，在消灭坏细菌之余会将有益身体的有益菌也一同消灭，还会改变免疫细胞的作用。药物带来的副作用不容小觑，过于依赖抗生素将不利于身体健康。

7. 睡眠不足——睡得好有助于免疫细胞的增殖

有研究表明，熬夜的人与睡眠质量不佳的人普遍免疫力低下。睡眠时间不足7小时的人患感冒的概率是睡眠时间超过8小时人群的3倍。睡眠出现问题时，原本在病原体入侵身体时可以率先消灭敌人的免疫细胞活力会变低，生成抗体、将病原体歼灭的能力也会变弱。

有趣的是，当免疫机能不敌病原体、不幸患上感冒时，人们往往会变得非常嗜睡。这是因为免疫细胞生成的细胞因子具有引导睡眠的作用。而充分的睡眠则可以修复免疫细胞的功能。

很多人因为工作繁忙而牺牲睡眠时间。其实从工作效率与健康的角度思考，好好睡觉才是最好的选择。

8. 不运动或运动太剧烈都不行

你是否也因为听说运动有益健康而一不小心用力过猛呢？运动是打造健康身体的基础，但太过剧烈的运动与不进行运动一样，都不利于身体健康。

很多人认为运动员的免疫力都很高，其实事实并非如此。有研究表明，刚参加完马拉松的人相比没有跑马拉松的人，在运动后患感冒的概率会提高2~6倍。

如果不是想要打破纪录或夺取奖牌和名次，运动还是应该适可而止。

9. 体寒——基础体温下降1℃，免疫力下降30%~40%

很多人会因为体寒引发身体不适而前去医院就诊。体寒也可归入压力的范畴。感到寒冷后，血管会收缩，使得全身的血液循环不畅，让提供营养与免疫细胞的白细胞无法顺利地抵达全身各处，从而造成免疫力低下。其结果是引发偏头痛、肩颈僵硬、疲劳等诸多症状，或易患感冒等疾病。一般认为，基础温下降1℃，免疫力会下降30%~40%。

我们无法避免因年龄增长而引发的免疫力下降，但调整生活方式能为免疫机能带来改善。为了能够健康快乐地享受生活，应尽量避免上述引发免疫力低下的因素。

保护身体的免疫细胞

个性十足的各种免疫细胞

上文介绍了植化素能够增强哪些免疫机能，以及这些免疫机能背后的机制。虽然内容有些复杂，但我相信通过阅读，你一定会产生"原来如此"的豁然开朗之感。接下来，就让我们一边品尝"养命蔬菜汤"，一边阅读下面的内容吧。

· 白细胞是消灭病毒和细菌的免疫细胞集合体

流经我们身体的血液中，除了液体成分血浆外，其余都是血细胞，血细胞又可分为红细胞、白细胞和血小板。

红细胞负责将肺部吸入的氧气送往身体的各个角落。血小板会在血管受损的部位凝结，形成血栓，堵住伤口防止血液漏出血管，具有止血的功效。

而白细胞则是本书的主角——免疫细胞，有着保护我们的身体免受病原体侵害的作用。虽然都叫免疫细胞，其实它们有着许多不同的种类，各自的职责也不尽相同。免疫细胞可以粗略地分成三大类。

　　第一组是细胞体积最大的白细胞，外表形似阿米巴虫的"单核细胞"。单核细胞与其他血液成分一样，是由骨髓生成的。进入细胞组织后，会转化为巨噬细胞、树突状细胞等负责免疫的细胞。

血液的细胞成分

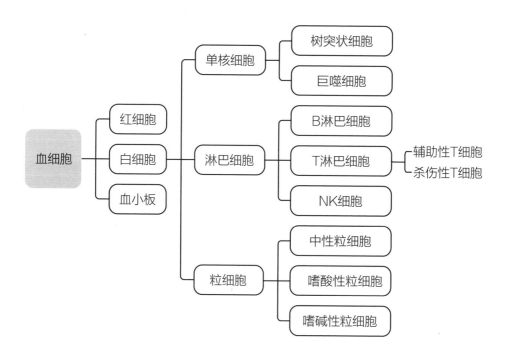

第二组是淋巴液的主要成分——淋巴细胞，它们在白细胞中约占25%。淋巴细胞也生成自骨髓与胸腺，能转变为B淋巴细胞、T淋巴细胞等免疫细胞。会对癌细胞等展开进攻的NK细胞也属于淋巴细胞。

第三组是在细胞中含有杀菌成分颗粒的粒细胞，共有三种，分别是中性粒细胞、嗜酸性粒细胞与嗜碱性粒细胞。

各组免疫细胞的职责均不相同。有的小组负责在体内巡逻，发现入侵的病原体后立刻展开战斗；有的小组在巡逻队工作时负责做好战斗的准备，然后全副武装赶去增援。

免疫细胞的战斗方式是"吞噬""产生抗体"与"破坏"

正如我们每一个人都有各自的特长，不同的免疫细胞也有着各自的独门绝技。它们灵活运用自己的绝招，以个性十足的方式击退侵入人体的病毒与细菌。那么，免疫细胞都有哪些绝招呢？

免疫细胞的战斗方式主要有三种，分别是吞噬病原体、产生消灭病原体的抗体，以及破坏感染病原体的细胞。

· 吞噬病原体

第一种是将侵入身体的病原体一口吞掉的战斗方法。在免疫细胞中，巨噬细胞、中性粒细胞、树突状细胞会采用这种战斗方式。

巨噬细胞的"巨噬"二字有两层意思在里面——巨大与吞噬。就如其名所示，是个不断吞噬病原体的"大胃王"。一旦异物侵入我们的身体，巨噬细胞会率先发现它们，将它们吞噬后在自己体内消化。因为发现稍有异常便直接吞噬，它也被称为"吞噬细胞"。

巨噬细胞的另一个重要作用，是将异物侵入的信息传递给其他免疫细胞，并将它们召集起来。率先响应巨噬细胞召集令的是中性粒细胞。

中性粒细胞在白细胞中约占45%~70%。与什么都能吞噬的巨噬细胞不同，中性粒细胞主要吞噬的是细菌与霉菌。中性粒细胞在吞噬病原菌饱餐一顿之后便会死亡。大家在膝盖擦伤就快痊愈前，会看到创口化脓。这些脓其实是与细菌奋勇战斗的中性粒细胞的最后身影。

树突状细胞也是能大口吃掉病原体的免疫细胞。但它最重要的职责不在于吞噬病原体、消灭敌人，而是将异物吞入体内，调查异物的特点并将信息传递给其他免疫细胞。

当巨噬细胞与中性粒细胞在前线奋力捕食敌人时，树突状细胞会少量吞噬一些敌人，然后开始详细分析调查敌人的各种信息。

之后，它们会移动到有着大量淋巴细胞的淋巴结中，将通过吞噬以外方式击退敌人所需的情报告诉正在等待上战场的T淋巴细胞、B淋巴细胞等免疫细胞。T淋巴细胞与B淋巴细胞会凭借这些情报，探讨战斗方法，然后奔赴战场。

· 产生消灭病原体的抗体

其次是通过制造武器来对抗病原体和抗原的方法。这种武器名叫"抗体"，在免疫细胞中只有B淋巴细胞能够合成。

B淋巴细胞如上文所述，通过树突状细胞获得了病原体的信息。它们会根据这些信息生产武器——抗体，抗体与病原体结合，使之被歼灭。另外，B淋巴细胞还会在侵入的病原体上做好标记，在产生抗体使之被歼灭后，巨噬细胞与中性粒细胞也能立刻分辨出这些侵入身体的异物，快速完成捕食。

· 破坏感染病原体的细胞

最后一种战斗方式是找出感染病毒等病原体的细胞，将这些细胞破坏掉。病毒会侵入细胞，在其中站稳脚跟不断增殖，从而感染更多的细胞。如果对这些感染的细胞放任不管，就有可能会恶化成致命的疾病。

对此，免疫细胞会找出沦为病毒据点的感染细胞，破坏掉这些身体的组成部分，以防止感染扩散。负责这一工作的是杀伤性T淋巴细胞与NK细胞等免疫细胞。

免疫细胞发挥各自的特长，通过"吞噬""产生抗体"和"破坏"等作战方法，相互协作，保护我们的身体免受病原体的侵扰。

免疫是怎样一种机制

吞噬敌人的免疫细胞因其天生具有这一能力，所以又被称为"自然免疫"。想要尽早消灭有害的异物，将其吞噬是最快速、最直接的方法。与此相对的，针对不同的敌人制造武器（抗体），或找出并破坏感染细胞的作战方式，因需要根据敌人的特性而展开，又被称为"获得性免疫"或"适应性免疫"。获得性免疫是指感染病原体后才能得到的免疫能力，当自然免疫在前线冲锋陷阵时，获得性免疫会通过战斗获得的信息，做好万全的准备后再去前线支援队友。

为什么免疫细胞会有这些分工呢？这是因为有些情况单靠自然免疫是无法应对的。比如，病毒入侵细胞就是一个很好的例子。病毒本身并无增殖的能力。为此，它们必须侵入其他生物的细胞，借助细胞的功能来增殖。

具有这种特点的病毒侵入细胞后，自然免疫的吞噬细胞就无法再分辨病毒，这时就轮到获得性免疫大显身手了。自然免疫与获得性免疫构成两道防线，保护着我们的身体。

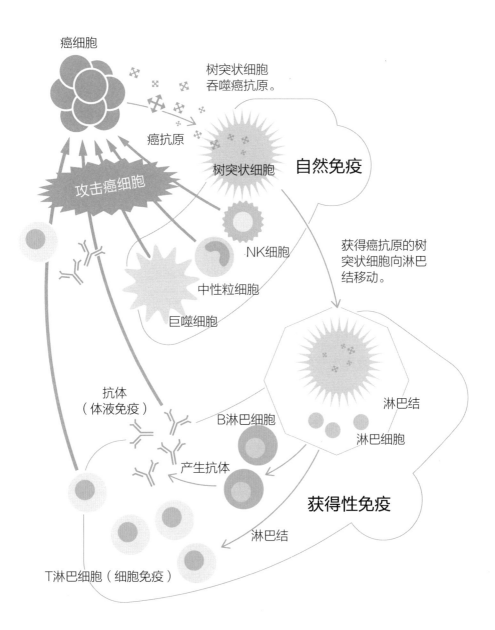

免疫的机制

癌细胞

树突状细胞
吞噬癌抗原。

癌抗原

树突状细胞

自然免疫

NK细胞

攻击癌细胞

中性粒细胞

巨噬细胞

获得癌抗原的树
突状细胞向淋巴
结移动。

淋巴结

淋巴细胞

抗体
（体液免疫）

B淋巴细胞

产生抗体

获得性免疫

淋巴结

T淋巴细胞（细胞免疫）

消灭病毒的两种方法

上文介绍了病毒侵入细胞后，自然免疫将无法应对，需要获得性免疫出手。奋战在前线的免疫细胞将敌人的信息（抗原）传递给淋巴细胞，开启获得性免疫的过程。获得性免疫会分析这些信息，利用"细胞免疫"与"体液免疫"两种方法展开战斗。

· 细胞免疫

获得敌人的信息（抗原）后淋巴细胞被激活，转变为能找出并破坏感染细胞的杀伤性T淋巴细胞、能促进"大胃王"巨噬细胞和能够提高自然免疫杀菌能力的辅助性T细胞。

像杀伤性T淋巴细胞和巨噬细胞那样，直接作用于敌人展开战斗的方式被称为"细胞免疫"。

· 体液免疫

辅助性T细胞除了能激活巨噬细胞，还有更为重要的职责。那就是激发出B淋巴细胞这位免疫细胞中的高级技术人员的干劲。

B淋巴细胞主要负责什么技术工作呢?

原来，B淋巴细胞负责制造对付侵入体内的病毒所需的武器——抗体。由它产生的抗体会与病毒结合，使病毒的攻击无效化。

　　抗体是根据从病毒那里获得的信息制造而成的，抗体存在于体液之中并发挥作用，因此这种免疫反应被称为"体液免疫"。

　　B淋巴细胞获得病原体的信息后会一直保存。当同一种病毒再次入侵时，它们的反应会比第一次更迅速，马上开始制造抗体。这种免疫功能就是人们常说的"一次患病后，不会再患第二次"，是最广为人知且最具有免疫特性的免疫功能。

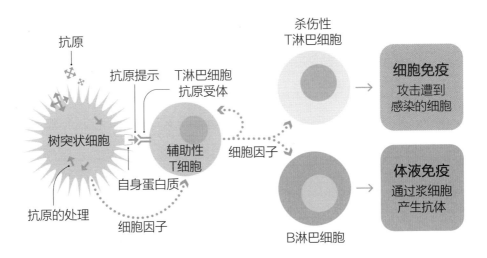

荣获诺贝尔奖的话题性新药——欧狄沃，是免疫细胞的强力队友

喝了"养命蔬菜汤"提高了免疫力，可如果自身的免疫细胞无法充分发挥作用的话，那也是无济于事，白费力气。免疫细胞在面对癌细胞时，就一直处于这一境地。

不过在2018年秋天，传来了一个好消息。促进免疫细胞向癌细胞发动进攻的新药欧狄沃的疗效得到了认可，发现制药契机"PD-1"分子的日本研究者因此荣获当年的诺贝尔生理学或医学奖。

正如上文所介绍的，我们的身体有着免疫细胞发现异物后展开攻击的机制。然而癌细胞却不会被这一免疫机制轻松打倒，它们有着逃脱免疫细胞攻击的特殊手段。

当免疫细胞力量太强时，有时会发出针对健康细胞的错误攻击。而"PD-1"正是预防这一错误的刹车机制。但癌细胞却钻了这个安全机制的空子，从而让自己免受来自免疫细胞的攻击。

"PD-1"是调节免疫细胞活动的开关，只要这一开关没有被按下，针对癌细胞的攻势就不会减缓，癌细胞的增殖将变得困难。于是，狡猾的癌细胞使出花招——那就把这个开关按下吧。

癌细胞会找出匹配免疫细胞开关的蛋白质，免疫细胞展开

进攻后，癌细胞便释放出准备好的蛋白质，按下刹车的开关。如此一来，免疫细胞就会彻底丧失战斗力，癌细胞则趁机肆意扩散。

欧狄沃是能识破并化解癌细胞诡计的药物。为了让免疫细胞能毫无顾忌地与癌细胞战斗，这种药物会在癌细胞用准备好的蛋白质按下免疫细胞刹车开关之前，与那些蛋白质结合。附着在蛋白质上的欧狄沃会阻止这些蛋白质按下免疫细胞的刹车开关。免疫细胞不再停止战斗，开始大刀阔斧地向癌细胞发起总攻。

这么一来，就要看免疫细胞本身是否具有对抗癌细胞的实力了。在日常饮食中加入一道"养命蔬菜汤"，预先提高自身免疫力也就变得更为重要了。

本章小结

1 免疫保护人体免受病原体的侵扰，是不可或缺的机制

一次患病后，就不容易再患第二次。

2 提高免疫力是指打造帮助免疫力更好发挥作用的身体环境

打造更容易获得免疫力的身体。
打造免疫机制更容易发挥作用的身体。
强化抑制过敏与炎症的能力。

3 不良的生活方式是导致免疫力低下的主要原因

除了不可抵抗的衰老，不良的生活方式造成了免疫力下降。

4 白细胞是免疫细胞的集合体

单核细胞：树突状细胞、巨噬细胞。
淋巴细胞：B淋巴细胞、T淋巴细胞、NK细胞。
粒细胞：中性粒细胞、嗜酸性粒细胞、嗜碱性粒细胞。

5 免疫细胞的战斗方式是"吞噬""产生抗体"与"破坏"

免疫细胞发挥自身特长，通过"吞噬病原体""产生消灭病原体的抗体"和"破坏遭到病原体感染的细胞"这三种方式来守护我们的身体。

乳腺癌四期缩小到可实施手术，坚持喝蔬菜汤，与疾病抗争

◎ 六十多岁·女性

　　前往这家医院就诊时，我已确诊为乳腺癌第四期，癌细胞扩散到了肺与骨髓。医生告诉我，已经无法进行手术了。

　　我记得自己十分震惊，甚至无法理解自己的身体究竟出了什么问题，只是茫然地听着医生的说明。

　　医生推荐化疗方案，但我没有当场同意，而是先回到家中。几天后，我想明白了，自己无论怎么苦恼都无济于事，只会让病情不断恶化，因此听取了朋友的意见，开始通过网络与书店收集最新的癌症治疗信息。让我心生"想要接受这样的治疗"而关注的是麻布医院的免疫疗法。确诊癌症一周之后，我

走进了高桥医生的诊疗室。在那里，医生推荐我尝试"养命蔬菜汤"。

将蔬菜慢炖后吃菜喝汤，我虽然心存怀疑："这真的能治疗癌症吗？"但自己已经无法接受手术了，于是我接受了高桥医生的建议，并乐观地开始治疗。

我开始一边喝"养命蔬菜汤"，一边接受免疫疗法与激素疗法。经过一段时间的治疗，转移到肺部的癌便缩小，能够通过手术切除了。在高桥医生的建议下，我毫不犹豫地选择了左胸乳腺癌全切和淋巴结清扫术。不知是不是因为蔬菜汤的功效，我的术后恢复也很理想。

现在转移的肺癌已完全消失，骨髓还残留着一些癌细胞。但我坚信将我从乳腺癌的泥沼中拯救出来的蔬菜汤的力量，今后也会继续享用。

γ-GTP值从250回落到正常值30，暂停喝汤后才明白蔬菜汤的强大效果

◎ 五十多岁·男性

我是个大胃王，平时能轻松吃掉三人份的餐食，而且最喜欢重油和重口味的食物。我身高180厘米，体重一度达到120千克。体检时发现肝功能的γ-GTP值高达250，而男性的正常值应低于50，十分骇人。进一步检查后发现，我患上了肥胖导致的非酒精性脂肪肝。除此之外，胆固醇、甘油三酯与血糖值等数值也存在异常。

我意识到情况不妙，咨询了麻布医院的高桥医生。他建议我先通过饮食控制体重，之后在餐前喝"养命蔬菜汤"。汤中有大量蔬菜，不仅能满足食欲，还能防止体重反弹。

我会一次性做大量蔬菜汤，然后放在冰箱冷藏保存。早晚

进餐前先喝一马克杯汤。先喝汤再吃饭能很好地防止暴饮暴食，对减肥也很有帮助。通过这一方法，我将体重减到了80千克。减重后的体检结果显示，不仅 γ-GTP值从250回落到了30，其他数值也都恢复了正常。

如果你还是对蔬菜汤的效果持怀疑态度，我再分享一个相关经历吧。

其实，我也曾无法完全相信蔬菜汤的效果，一度中断喝汤。但停止喝汤后，检查结果很快又出现了异常。于是我恢复喝汤，不久后的检查数值再次回落到正常值。至此，我真正相信了"养命蔬菜汤"的功效。

现在我的身体状况非常好。蔬菜汤带来的超乎想象的强大效果真是太惊人了！今后我也会将蔬菜汤作为日常饮食的一部分，继续喝下去。

第 4 章

开启提高免疫力的生活方式

小肠1.5天，胃（幽门）1.8天，白细胞2.0天，肛门4.3天，大肠10.0天……

你觉得这些数字意味着什么呢？

其实，这是不同人体器官细胞的平均寿命。也就是说，仅仅一天半时间，小肠的老细胞就会寿终正寝，将由全新的细胞组成小肠。

我们常会认为自己好几年都没有变，殊不知我们会在如此短暂的时间内自我更新、重生，从这个意义上来说，现在的自己已经不是一年前的自己了。

这样想来就会发现，每天吃了什么、做了什么样的运动、睡眠时间是否充足等生活方式本身，正在一点一滴地构成未来的自己。

就如在前文专栏中介绍的大家在喝"养命蔬菜汤"的经历中提到的那样，富含植化素的汤为很多人带来了巨大的改变。人体器官的细胞寿命也告诉我们，从细胞层面来看，人的改变速度其实远超我们的想象。请在日常生活中实践本书介绍的"养命蔬菜汤"吧！从现在开始改变，就能更快地走上健康之路。

在第4章中，我将为渴望改变的各位介绍更高效的方法——高桥式增强免疫力伸展操。

注重健康的生活方式能提高免疫力。我衷心建议大家在日常生活中积极地尝试与实践本书介绍的方法。

高桥式增强免疫力伸展操

> ## 喝过"养命蔬菜汤"之后，加入增强免疫力的伸展操吧

人类是动物，动物具备"活动"的机制，我们的身体需要活动才能维持正常的生理机能。然而，我们人类却又渴望能够轻松生活的社会机制。这一切带来的结果就是因为运动不足而引发诸多疾病。

现如今，针对许多疾病开展治疗时，搭配食疗与运动疗法开始成为主流。在提高免疫力、改善体质方面，摄取富含植化素的喝汤食疗法搭配适度的运动是非常有效的方法。在此介绍我专门为患者设计的能够提高免疫力的"高桥式增强免疫力伸展操"，请一定要尝试一下。

屈伸运动

第一个准备运动是腿部屈伸，重复10次。
呼吸的基本方法是蹲下时用口呼气，起身时用鼻子吸气。

① 用鼻子吸气，双膝双脚并拢站立。

② 一边用口呼气，一边用双手按住膝盖，缓慢屈膝。

③ 保持双膝双脚并拢不分开，脚后跟不要离地，缓缓降低臀部，蹲到底。

④ 用鼻子吸气，缓缓起身，起身后按住膝盖的上臂推直。

⑤ 再次一边用口呼气，一边用双手按住膝盖，缓慢屈膝。

① 双膝双脚并拢，有意识地伸展背部，用鼻子吸气。

深呼吸深蹲

将这组动作重复做10次。起始姿势时轻轻吸气，向上伸直双臂后，开始做深呼吸。

② 用口呼气双手向前伸，慢慢屈膝，降低臀部，蹲到底，手不要碰到膝盖。

③ 一边用鼻子吸气，一边慢慢向上伸直双臂，并缓缓起身。

④ 一边用口呼气，一边让向上伸展的双臂在身体两侧划出两道弧线，慢慢落回身体两侧，回到起始姿势。

哥萨克蹲

将这组动作重复做10次。蹲下与起身时，注意不要弓背。蹲下时为了让膝关节更灵活，可以在蹲下后带动臀部，小幅度上下蹲起几次。

① 用鼻子吸气，双膝双脚并拢站直。双臂在胸前抱成四边形。

② 一边用口呼气，一边双臂抱胸缓缓屈膝，期间保持背部伸展。

③ 双臂抱住不要松开，降低臀部，蹲到底。蹲下后，可以带动臀部，小幅度上下蹲起几次。

④ 一边用鼻子吸气，一边慢慢起身，期间保持背部伸展。起身过程可以锻炼肌肉。

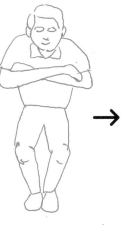

⑤ 回到起始姿势，用口呼气。

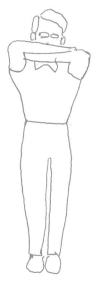

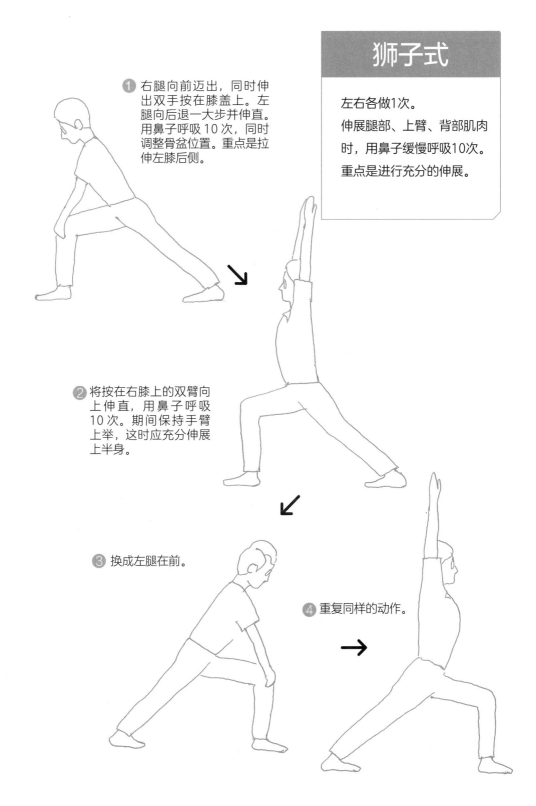

① 右腿向前迈出，同时伸出双手按在膝盖上。左腿向后退一大步并伸直。用鼻子呼吸 10 次，同时调整骨盆位置。重点是拉伸左膝后侧。

左右各做1次。
伸展腿部、上臂、背部肌肉时，用鼻子缓慢呼吸10次。
重点是进行充分的伸展。

② 将按在右膝上的双臂向上伸直，用鼻子呼吸 10 次。期间保持手臂上举，这时应充分伸展上半身。

③ 换成左腿在前。

④ 重复同样的动作。

99

变指体前屈

在体前屈时用不同的手指触碰地面，每根手指各做3次。按照从长手指到短手指循序渐进，能让前屈更容易完成。

① 双腿并拢，将注意力放在自己的手上，体前屈时用口呼气。

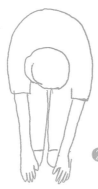

② 前屈后起身时用鼻子吸气。

③ 第一次体前屈只用中指触碰地面。

④ 第二次体前屈只用小拇指触碰地面。

⑤ 第三次体前屈只用大拇指触碰地面。

⑥ 第四次体前屈用整个手掌触碰地面。

左右交替为1组。
每个拉伸动作保持10次鼻子呼吸。伸展手脚时,有意识地拉伸身体的对角线。

① 仰卧在地板上。

② 向右上方伸直右臂,同时弯起右膝,右脚踩在地板上。左腿向左下方伸直,有意识地拉伸身体的对角线,伸展放松肌肉。
保持这一姿势,缓缓呼吸10次。

④ 回到起始姿势,向内外两侧转动脚踝。

③ 接着向左上方伸直左臂,同时弯起左膝,左脚踩在地板上。右腿向右下方伸直,有意识地拉伸身体的对角线,伸展放松肌肉。
保持这一姿势,缓缓呼吸10次。

101

对角线拉伸2

左右交替为1组。
做动作时，稍稍用力按住手、
脚、腰部的伸展与扭转各部
位，能提高拉伸效果。

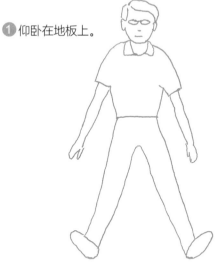

① 仰卧在地板上。

② 弯起右膝，左手放在右膝背面，扭
　转腰部，让右腿倒向左侧，右膝触
　碰地面。
　这时，扭转的大腿应与身体呈直角。
　左腿在下方伸直，右臂向右侧伸直，
　脸部转向伸直的手臂一侧。
　保持这一姿势，用鼻子呼吸10次。

③ 另一侧也做同
　样的拉伸。

④ 回到起始姿势。

将这组动作重复做20次。
抬起双腿的同时用口呼气，
放下双腿的同时用鼻子吸气。

① 双臂双腿放在地面上仰卧，双膝微微弯曲，以腰部为支撑点抬起双腿。期间双手放在身体两侧支撑，防止身体倒向侧面。

② 腹肌发力，缓缓地进一步将双腿向上提。向上伸腿至臀部完全离开地面。

③ 双腿稍稍回到之前的位置，但不要碰到地面，如此反复。

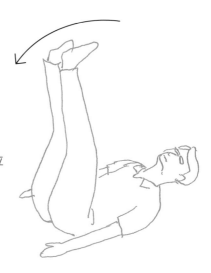

腹肌锻炼2

不要借力或通过惯性，而是慢慢做动作，以锻炼身体的核心肌肉。在做动作时有意识地保持呼吸也很重要。

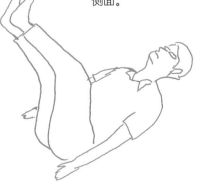

① 双臂双腿放在地面上仰卧，双膝微微弯曲，以腰部为支撑点抬起双腿。这期间双手放在身体两侧支撑，防止身体倒向侧面。

② 腹肌发力，缓缓地进一步将双腿向上提。向上伸腿至臀部完全离开地面。

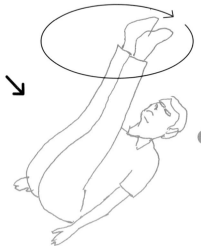

③ 用抬起的双腿在空中慢慢画圈，顺时针画1圈、逆时针画1圈为1组。将这组动作重复做10组。用鼻子吸气，呼气时用腿画圈。

将这组动作重复做5组。
V字平衡有一定的强度。在
适应之前不妨少做几组，重
在尝试和挑战。

① 仰卧在地板上，双臂伸
过头顶。双腿并拢伸直，
全身放松。

↓

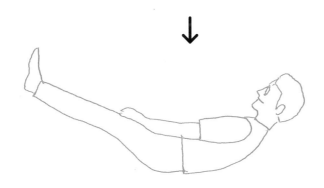

② 用鼻子深吸一口气，一边用鼻子呼气一边形
成如图示的 V 字形，并保持平衡。
形成 V 字形后，保持鼻子呼吸在心中从 1 默
数到 10。回到起始姿势后重复做下一组。

不倒翁式

将这组动作重复做10次。向后倒时用鼻子吸气，起身时用鼻子呼气。向后倒时应注意控制幅度，不要让背部碰到地面。

 盘腿坐下，伸展髋关节。双手从脚踝内侧伸到外侧，从外侧抓住外踝。

 抓紧脚踝，抬起双腿，像不倒翁一样向后倒。
控制好幅度，后背不要碰到地面，然后回到起始姿势。

③ 回到起始姿势后继续重复这一动作。

盘腿扭转

前面介绍的运动会对身体造成一定的负担。这个是帮助身体舒展的运动。一起来放松吧。

① 盘腿坐下，背部挺直，上臂上举，伸展背部肌肉。

② 右手放到身后撑住地面，左手拉住盘起的右腿外侧，伸展肩部。

③ 轻揉伸展后的肩部。

接下一页

④ 回到起始姿势。

⑤ 左右交替。左手放到身后撑住地面，右手拉住盘起的左腿外侧，伸展肩部。

⑥ 轻揉伸展后的肩部，体操结束。

健康的生活方式也能提高免疫力

上文也介绍了，很多时候生活作息紊乱导致免疫力的下降，因此提升免疫力的第一步是改善作息习惯，坚持健康的生活方式。

适度运动，避免长胖，注意选择营养均衡的饮食，戒烟限酒，保证充足的睡眠……对于珍惜每天生活的人而言，这些都是稀松平常的事。然而这些生活习惯看似平平无奇，我们却往往无法理所当然地将这些普通的事做好，因此才会引发各种疾病。

为此，我们可以借助蔬菜中的植化素这一自然的力量，通过每天必不可少的饮食，恢复人类理所当然、应该具备的"生存力"——这也正是本书的目的。

至此，本书已经介绍了提高免疫力的良方——"养命蔬菜汤"的做法，植化素的功效，如何提高免疫力，还有高桥式增强免疫力伸展操等内容。为了让这些用于提升免疫力的努力收到更好的效果，接下来向您介绍一个压箱底的提升免疫力的绝招。

提高免疫力的关键是心态平和

你有过以下经历吗？

"今天下大雨，但还是得出门。""路上有些堵车，真的好烦。""睡眠不足头好痛。""感冒了，鼻塞让人很难受。""接到几个骚扰电话，有点不安。""职场的人际关系好麻烦。""连着好几天加班太痛苦了。"这些是我们日常生活中常会遇到的精神压力。

精神压力是因受到外部刺激而引发精神紧张的状态。长期处于承受精神压力的状态下，身体会分泌压力激素，或引发自主神经兴奋、心跳加快、血压上升等机体反应。

当多重精神压力叠加，并长期影响我们的身心，就有可能引发脑梗死、心肌梗死或大动脉破裂等重大疾病，我们宝贵的生命将处于危险之中。

上文也介绍了，从免疫力的角度看，精神压力会产生活性氧。它们会破坏肠道菌群的平衡，增加有害菌，不利于身体健康。

不仅如此，精神压力还会抑制攻击癌症的免疫细胞的免疫功能。而且附着在眼鼻、喉咙等黏膜上防御外敌的免疫物质，也会受精神压力与自主神经平衡紊乱等的影响，使得免疫机能遭到削弱。

从某种意义上来说，活在这个世上就是不断面对精神压力的过程。我们必须很好地适应各种各样的精神压力。不能处理好精神压力，意味着我们一直处在罹患重疾的可能性之中。

那么，什么才是应对无法避免的精神压力的正确姿态呢？也许你看到我的回答会有些吃惊，"欸，只要这样做就可以了吗？"没错，我的回答就是保持平和的心态。

· 大笑

近期的研究表明，"笑"在医学意义上具有十分显著的提升免疫力的效果。大笑之后，引发精神压力的激素会随之减少，免疫力得到激活，会转而开始攻击癌细胞。

如果从专业性更强一些的角度来说，这可能是因为大笑后神经肽在人体内的分泌量大大增加了，而这种物质能够激活NK细胞。

事实上，有一些医院已经注意到了大笑的效果，开始在治疗中导入"大笑"辅助治疗。操作的要点是在放声大笑的同时充分吐气。即便心情不佳，只要有意识地去笑，做出笑的表情，就会有一定的健康效果，非常不可思议。由此看来，"笑一笑，福来到"可不仅仅只是一句吉祥话。

· 积极的心态

有时，就算别人宽慰我们"笑一笑吧"，我们也笑不出来。还有一些读者朋友爱担心，整日愁眉苦脸，不习惯笑眯眯的。这种情况如何是好呢？

我的回答也许太过司空见惯，那就是"转换心情"。其实这种应对方法是非常重要的。比如，即便在工作或生活中遇到了较大的挫折，也能通过"已经发生的事无法挽回，只能再接再厉"来鼓励自己。即便心情不佳，也能认识到"垂头丧气也解决不了问题"，不逃避不退缩，保持乐观向前看的心态。

爱担心的朋友不妨回想"以前有过这样愉快的事情"等过去感到开心的回忆，让当下的心情变得开朗起来。怀着"人生有无限的可能"这样乐观正面的心态，不仅笑容更多，免疫力也会得到改善。

正因为心态会影响免疫力的强弱，所以将负面思考切换为正面思考尤为重要。

·适度运动，感到畅快即可

运动很适合用于转换心情。前文已经讲过，过于激烈的运动反而会降低免疫力，稍稍出汗的适度运动让人心情畅快，有助于提升免疫力。

只是快走20~60分钟，就能让NK细胞充满活力，有助于抵抗癌症。

·均衡摄取维生素与矿物质

人体缺乏维生素与矿物质会焦虑、易怒，引发精神压力与各种神经症。

维生素A、维生素C和维生素E有助于激活免疫力，B族维生素尤其是泛酸和维生素H以及矿物质钙、钾、镁等有助于平复情绪，缓解精神压力。均衡地摄取维生素和矿物质会取得较好的效果。

本章小结
··················

1 饮食+运动，进一步提高免疫力

"养命蔬菜汤"和"高桥式增强免疫力伸展操"相结合，可以有效提升免疫力。

2 推荐每天练习"高桥式增强免疫力伸展操"

这是高桥医生为了增强免疫力设计的伸展操。
强度温和，做完一套只会微微出汗，重要的是坚持每天练习。

3 免疫力的增强源自对健康生活方式的关注

不要浑浑噩噩地度日，关注健康的生活方式，有意识地采取行动非常重要。
这种关注能有助于恢复"生命力"。

4 平和的心态能战胜精神压力，增强免疫力

人生在世就是面对各种精神压力的过程。良好的心态能打造不被精神压力击垮的强健身体，不断增强人体免疫力。为此，应该多大笑、保持积极的心态、适度运动、均衡地摄取维生素与矿物质。

肺癌手术后体力下降与高血糖等问题，通过坚持喝"养命蔬菜汤"彻底消除

◎ 七十多岁·女性

　　我因每天的疲劳无法完全消除，对自己的身体状况深感不安。有一天，偶然通过高桥医生的书获知"养命蔬菜汤"。我觉得这种汤很适合像我这样对健康状况感到担忧的人，因此马上开始尝试。

　　两年后，我在一段时间内一直感觉身体不适，前去高桥医生所在的麻布医院就诊。结果发现左肺叶上竟然有癌变，尚在二期A阶段，还能通过手术切除，因此我毫不犹豫地接受了手术。

　　这块癌变隐藏在动脉深处，手术时间比预计的要长，但还是成功地切除了癌变部位。

　　出院后，我继续接受化疗，感到体力越来越虚弱。在高桥医生的建议下，再次开始喝"养命蔬菜汤"。

　　过去我只是感到身体有些不适，喝蔬菜汤也时断时续。但这一次我有了目标，那就是打造不会再患癌症的健康身体。相比过去，这次我每天都坚持喝汤。

　　结果，我很快感到体力开始恢复，自己也觉得十分不可思议。开始喝汤后不久，因为化疗而衰弱的体力得到了恢复，我回到了手术前的日常生活。

　　在手术前，我的胆固醇值偏高，血糖值也偏高，已经是糖尿病大军的"预备役成员"了。多亏了蔬菜汤，上述数值后来都回落到了正常范围。

　　我还远远没有达到日本女性的平均寿命，希望能通过喝蔬菜汤，一直活到九十九岁。

蔬果店和超市就能买到的蔬菜，竟然能做出让身体恢复健康的汤

◎ 五十多岁·女性

我一直在指导大家如何保持身体健康，从没想过有一天自己也会因健康问题而大伤脑筋。

我长期关注自己的肝功能检查数值，最近数值异常越发严重。

不巧的是，在那段时间我手肘受伤，不得不接受手术。因为手术的关系，有很长一段时间无法进行运动，结果体重增加，进一步给肝脏带来了负担。

在我开始认真思考如何恢复肝功能与减肥时，高桥医生教给我了这道"养命蔬菜汤"。

我原本就不爱吃蔬菜，但听说只是把蔬菜煮一煮，让有益

身体健康的成分溶入汤中，不仅能恢复身体健康，还有助于减肥，就怀着试试看的心理煮了汤。

第一次喝汤的感受还是挺好的，连我这种不喜欢吃蔬菜的人都觉得味道不错，我想不论是谁都会喜欢这道汤的风味吧。用到的蔬菜都很寻常，在蔬果店或超市就能买到，不用因为食材难以购买而烦恼。

以前，我早餐只喝一杯咖啡，现在我用蔬菜汤代替咖啡。晚餐会喝汤吃菜，再加一份沙拉，避免摄取太多的碳水化合物。因为吃了大量蔬菜，所以食欲得到了满足。

就这样吃了5个月，现在不仅肝功能数值恢复了，过去异常的甘油三酯、低密度胆固醇数值也都得到了改善。我还感到相比过去，现在不容易疲劳。减肥效果就更不用说了，成功减重5千克。

"养命蔬菜汤"一喝就停不下来。简单、快手的一碗汤却有这么多显著的保健效果，根本没有理由不喝！

"养命蔬菜汤"有助治疗高脂血症，3个月减重6千克，减肥成功

◎ 五十多岁·女性

朋友告诉我，按照医生的饮食指导，3个月瘦了7千克。我减肥至今已失败多次，将信将疑地去了那位医生所在的医院，那就是高桥医生的麻布医院。

麻布医院开设了"减肥门诊"，指导大家进行运动疗法、食疗和减肥药相结合的不反弹的健康减肥法。

接受治疗前，我做了检查，发现自己患有高脂血症，马上开始了以"养命蔬菜汤"为核心的食疗法。

汤比我预想的好喝，汤料多多，很有饱腹感。肚子不饿对于减肥的人来说是求之不得的幸事。另外，烹饪方法也很简

单，大量制作还能储存，非常方便忙碌的家庭主妇和职场人士实践。

就这样，1周减重了2千克，3周减了4.2千克，5周减了5千克，3个月后成功达到了我的目标——减重6千克。而且减肥后没有反弹，一直保持至今。

减肥成功当然让人高兴，我还发现不知不觉间，生活方式病也消失了，这让我大喜过望。

这么好的保健汤，家里人当然也要一起喝。我家会加入其他食材，做成自家特别版的"养命蔬菜汤"，坚持每天饮用。现在，一家人坐在一起喝汤、吃饭是我家温馨愉悦的幸福时光。

今后我也会与家人一起，在蔬菜汤的陪伴下享受健康生活。

资料篇

富含植化素、具有提高免疫力等多种健康效果的蔬菜与水果

"养命蔬菜汤"的基本蔬菜是卷心菜、胡萝卜、洋葱和南瓜。其实，其他很多蔬果中也含有植化素。在"养命蔬菜汤"中加入四季时令蔬菜，做出各种变化也是一种乐趣。

本篇整理了富含植化素、让汤品更美味诱人的食材。请用自己习惯的方式烹饪，养成在日常生活中摄取植化素的习惯吧。

各类食材的主要效果

♥ 抑制癌细胞增殖

♠ 调节免疫功能

♣ 抗氧化

♦ 排毒

■ 抑制过敏和炎症

★ 降低血液黏稠度

● 抗衰老

番茄　♥ ♣ ■ ★

成分 番茄红素

降低胃癌、大肠癌、肺癌和前列腺癌的发病风险，强抗氧化能力具有抑制炎症的作用。

大蒜　♥ ♣ ♦ ★

成分 大蒜素、大蒜烯、二噻英、烯丙基二硫醚

抗氧化作用能消除羟基自由基。排毒、激活免疫细胞和诱导癌细胞凋亡的作用可以抑制癌变。

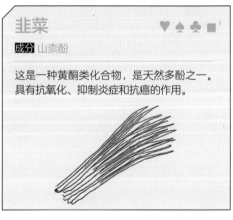

韭菜　♥ ♠ ♣ ■

成分 山柰酚

这是一种黄酮类化合物，是天然多酚之一。具有抗氧化、抑制炎症和抗癌的作用。

西蓝花 ♥ ♣ ♦ ■

成分 萝卜硫素

不仅具有诱导解毒酶，将致癌物质无毒化的作用，还有抗幽门螺杆菌的效果。另外，抑制肥胖，改善肠道菌群的效果也很不错。

大葱 ♥ ♣ ★

成分 烯丙基化硫

抗氧化作用能保护基因，抑制癌变，还有促进胰岛素发挥作用的功能。

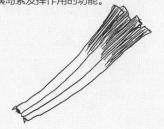

西芹 ♥ ♦

成分 瑟丹酸内酯（芹菜镇定素）

西芹特有的芳香成分有抗癌作用，还有帮助肝脏分解酒精的解毒作用。

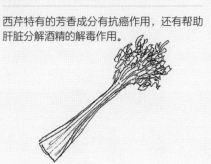

红葱头 ♥ ♣ ■

成分 槲皮素

这是多酚之一。具有抗氧化、抑制过敏、抑制癌细胞增殖的作用，还能改善血液循环，有一定的减肥效果。

山葵 ♥ ♠ ♣ ♦ ■

成分 异硫氰酸烯丙酯、异硫氰酸酯

具有抗癌、抗氧化、抗菌、抑制霉变、解毒、抑制过敏等多种功效。

紫甘蓝 ♥ ♣

成分 花青素

具有抗氧化、抗癌效果，还能预防尿路感染。另外，能快速消除眼部疲劳，短时间改善视力。

生姜 ♥ ♠ ■

成分 姜酚

增加白细胞，促进免疫力的增强。有抑制炎症、过敏的作用，还能促进血液循环，促进发汗和退烧。

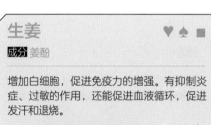

西洋菜 ♥

成分 异硫氰酸丁酯、异硫氰酸苯乙酯

十字花科植物所含的异硫氰酸酯类之一，有诱导大肠癌细胞和前列腺癌细胞自然凋亡的作用，还能将致癌物质无毒化。

菠菜 ♥ ♠

成分 β-胡萝卜素

在体内会转变为维生素A，帮助皮肤、黏膜保持正常的屏障功能，提高免疫力。

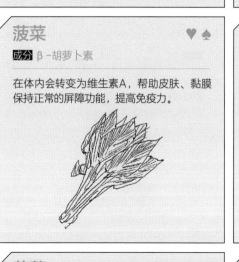

灰树花 ♥ ♠

成分 灰树花多糖、β-葡聚糖

灰树花多糖是灰树花独有的成分。它能通过免疫细胞提高免疫力，发挥抗癌作用。其中，β-葡聚糖能提升免疫细胞的活性。

茼蒿 ♥ ♠

成分 β-胡萝卜素

在体内会转变为维生素A，帮助皮肤、黏膜保持正常的屏障功能，提高免疫力。

香菇 ♥ ♠

成分 香菇多糖

香菇多糖能提高免疫力，激活NK细胞与树突状细胞，强化它们执行攻击指令的能力。

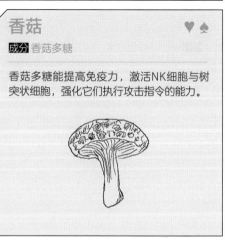

紫薯 ♥ ♣

成分 花青素

具有抗氧化、抗癌效果，还能预防尿路感染。另外，能快速消除眼部疲劳，短时间改善视力。

青椒 ♠ ♣ ■

成分 木犀草素

具有提升抗氧化物质的活性、促进碳水化合物代谢、调节免疫力、治疗2型糖尿病等作用。

蜜柑 ♥ ♣

成分 β-隐黄质

β-隐黄质具有较强的抗氧化作用，能抗肺癌、食道癌、膀胱癌和肝癌。一般认为能有效预防生活方式病。

抱子甘蓝 ♥ ♠ ♣ ■

成分 山柰酚

这是一种黄酮类化合物，是天然多酚之一。具有抗氧化、抑制炎症、抗微生物、抗癌、保护神经、抗糖尿病、缓解不安以及抑制过敏等作用。

日本柚子、酸橘 ♠ ■

成分 橙皮苷

多酚家族的一员。果皮内侧的白色部分富含这种成分，有抑制过敏和抗病毒的作用。

苏子叶 ♠ ■

成分 迷迭香酸

具有抑制炎症的作用，能缓解过敏性疾病、花粉症等过敏症状。

125

西蓝花苗　♥ ♠ ◆ ■

成分 萝卜硫素

苦味成分能抑制过敏成因IgE抗体的生成，具有抑制过敏的效果。

葡萄柚　♠ ♣ ■

成分 柚皮苷

苦味成分有抑制过敏的效果。能促进维生素C的吸收，预防血压升高，还有抗氧化的作用。

莲藕　♠

成分 单宁

这是一种多酚化合物。具有杀菌作用，对抗生素不容易起效的流感病毒、霍乱弧菌的繁殖有一定的抑制作用。

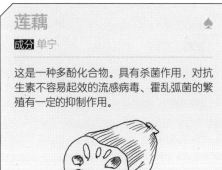

扁实柠檬　♠ ■

成分 川陈皮素

有抑制过敏的作用，能抑制皮肤的炎症与关节风湿性炎症。另外，还有研究认为其具有抑制软骨分解的作用。

白萝卜　♠ ♣

成分 异硫氰酸烯丙酯

黄芥末与山葵等也含有这种辣味成分。具有优秀的抗菌、抗氧化作用，能预防食物中毒，以及抑制乙烯生成的功效，能防止蔬果的腐坏。

苹果　♥ ♠ ♣ ■

成分 原花青素

有抗氧化、抑制炎症和过敏的作用，还能抑制肿瘤的活性，预防动脉硬化与癌变，以及促进生发与美白的效果。

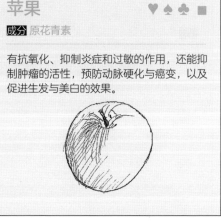

柠檬 ♥ ♣ ●

成分 圣草次苷

具有很强的抗氧化作用，能预防低密度胆固醇的氧化，防止动脉硬化，以及预防癌症等生活方式病的效果，并能抑制肠道对脂肪的吸收。

王菜 ♥ ♠

成分 β-胡萝卜素

在体内会转变为维生素A，帮助皮肤、黏膜保持正常的屏障功能，提高免疫力。

茄子 ♣ ●

成分 绿原酸

不仅有抗氧化作用，还能降低胆固醇。另外能抑制血糖值的上升，对糖尿病具有一定的预防效果。

芦笋 ♠ ♣ ♦ ●

成分 谷胱甘肽

一般认为具有解毒、抗氧化和抗衰老的效果，对放射性危害也有预防作用。

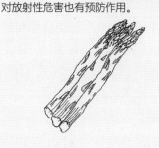

辣椒 ●

成分 辣椒素

能刺激中枢神经，促进肾上腺素等激素的分泌。另外，能促进热量代谢，有助于分解体脂肪。

土豆 ♣ ●

成分 绿原酸

不仅有抗氧化作用，还能降低胆固醇。另外能抑制血糖值的上升，对糖尿病具有一定的预防效果。

植化素的分类

多酚			
黄酮类化合物	黄酮	芹菜苷	西芹
	黄酮	木犀草素	青椒、西芹、洋甘菊
	黄酮	川陈皮素	扁实柠檬
	黄酮醇	芦丁	荞麦
	黄酮醇	槲皮素	洋葱、荞麦
	黄酮醇	山奈酚	茶、西蓝花
	黄酮醇	漆黄素	草莓
	黄酮醇	杨梅黄酮	葡萄、莓果
	黄烷醇	儿茶素	
	黄烷醇	表儿茶素	
	黄烷醇	表没食子儿茶素	绿茶
	黄烷醇	茶黄素	
	黄烷醇	茶红素	红茶
	黄烷酮	橙皮苷	蜜柑
	黄烷酮	柚皮苷	葡萄柚
	咖啡酸类	绿原酸	咖啡
	咖啡酸类	阿魏酸	咖啡、米糠
	咖啡酸类	迷迭香酸	紫苏、迷迭香
		大豆异黄酮	大豆
		原花青素	葡萄籽、松树皮精华、蔓越莓
		花青素	葡萄皮、红葡萄酒、蓝莓、樱桃
非黄酮类化合物	木脂素类	芝麻素	芝麻
	木脂素类	芝麻林素	
	木脂素类	芝麻素酚	
	芪类化合物	白藜芦醇	葡萄皮、红葡萄酒、青椒
	姜酚		生姜
	姜黄素		姜黄

大类	亚类	成分	食物来源
硫化物	异硫氰酸酯类	萝卜硫素	西蓝花
		异硫氰酸烯丙酯	黄芥末、山葵
		异硫氰酸酯	山葵
		异硫氰酸苯乙酯、异硫氰酸苄酯	卷心菜
		二吲哚甲烷	白菜
	半胱氨酸亚砜类	大蒜素	大蒜
		烯丙基化硫	洋葱、大葱
		S-甲基半胱氨酸硫氧化物	韭菜
类胡萝卜素		α-胡萝卜素	胡萝卜、海苔、辣椒、裙带菜、韭菜、茼蒿、南瓜
		β-胡萝卜素	胡萝卜、海苔、辣椒、杏、南瓜
		β-隐黄质	蜜柑
		番茄红素	番茄、西瓜
		虾青素	鲑鱼、鳟鱼、鲷鱼、鱼子、海藻类
		辣椒素	辣椒
		叶黄素	菠菜、西蓝花
		玉米黄质	玉米、油桃、木瓜、水蜜桃、柿子
		岩藻黄质	裙带菜、昆布、海苔
多糖类物质		β-葡聚糖	香菇、灰树花、羊栖菜、滑子菇、杏鲍菇、木耳
		岩藻多糖	昆布、海苔、羊栖菜、裙带菜、海发菜
		果胶	苹果
氨基酸类物质		牛磺酸	乌贼、章鱼
		谷胱甘肽	芦笋、动物肝脏
芳香成分		丁香油酚	香蕉
		柠檬烯	柑橘类

后记

　　我研究"养命蔬菜汤"的初衷是为了解决癌症患者家人的烦恼。

　　"为了对抗癌症，提高免疫力，应该让他吃些什么好呢？"针对患者家属这一严肃的疑问，我给出的答案是"养命蔬菜汤"。

　　洋葱、南瓜、胡萝卜和卷心菜，只用这四种蔬菜，谁都能轻松烹饪出的简单蔬菜汤中，蕴含着能提高免疫力、预防各种疾病、有益身体健康的自然力量。而这种力量来自植化素。

　　植化素是蔬菜、水果中含有的天然功能成分。不仅能提高免疫力，还具有抗氧化、排毒、预防癌症、预防动脉硬化、降低血液黏稠度、预防脑梗死和心肌梗死、减肥和抗衰老等作用。植化素能保护我们的身体免受疾病的侵扰，有着诸多有益健康的功效。

　　现代人的生活习惯中，存在大量造成免疫力低下的因素。睡眠不足、通勤时间过长、职场的精神压力、蔬菜摄取不足、过量进食以及营养失衡都是引发免疫力低下的重要原因。"养命蔬菜汤"能抵消这些致使免疫力下降的负面因素，增加免疫细胞，增强免疫活力，是有着卓越效果的蔬菜汤。这些功效都经由科学研究证实，"超级疗效"绝非虚言。

"养命蔬菜汤"的基础食材胡萝卜与南瓜中所含的β–胡萝卜素能激活NK细胞、T淋巴细胞和巨噬细胞，增强它们的攻击力，防止细菌与病毒的侵入。卷心菜与南瓜富含维生素C，能促进有极强抗病毒作用的干扰素生成，增强对癌症、传染病的免疫能力。

"养命蔬菜汤"还能抑制过度的免疫反应，有抑制过敏和炎症的作用。洋葱中的槲皮素能抑制IgE抗体的生成，抑制过敏反应。而抑制细胞因子与前列腺素等控制生物反应的生理活性物质的生成，则能抑制炎症。另外，胡萝卜与南瓜中的β–胡萝卜素与α–生育酚能共同作用，抑制过敏反应的成因IgE抗体的生成，从而预防过敏反应。卷心菜、南瓜与胡萝卜中的膳食纤维是肠道菌群的食物，能激活肠道免疫力，不仅能预防传染病，还能激活调节免疫的调节性T淋巴细胞，避免过度的免疫反应。

"增强免疫力伸展操"是我每天早晨都坚持练习的体操。"今天能做到的事明天也能做，但今天不做的事也许明天就做不了了。"这套体操变成了我每天都要完成的日课。

想来，我已坚持每天早晨做体操超过10年了。早上完成这套体操，就完成了每天所必需的最低限度的运动量，晚上就能悠闲地休息了。

人体的构成真是精巧而纤细。我们不仅会对物理刺激做出反应，对精神性的以及极为个人的心理变化也会做出反应。精神压力就是这种反应的典型。精神方面一旦有压力，免疫力就会被削弱；没有精神压力，免疫力就能健全地发挥作用。"心态"就是有着如此巨大的影响力。

"养命蔬菜汤"最棒的优点是喝下这碗汤就能治愈人心。不论多忙多累，喝下这碗汤就能缓解疲劳，平复心情。所有的精神压力都将从身体中抽离。而且"养命蔬菜汤"中含有我们保持健康长寿所必需的维生素A、维生素C、维生素E和膳食纤维，还有各种植化素。

"养命蔬菜汤"的温润风味源自"天、地、人"，是"自然天气""大地环境"与"种植者"共同孕育出来的。选用优质的蔬菜制作，尽可能选择无农药的有机蔬菜。使用优质原料，身体会本能地感受到汤的自然美味。再通过每天坚持喝汤，重启身体，恢复活力。

"养命蔬菜汤"会直接作用于你的身体，富含植化素的蔬菜汤能提高免疫力，预防因不良饮食习惯引发的疾病，保护身体健康。请坚持每天喝汤，享受充满活力的健康生活吧！

高桥弘

快读·慢活®

《免疫力》

改善肠道环境，增强免疫力，打造抗癌体质！

　　要想打造能够击退癌细胞的抗癌体质，关键在于增强免疫力。那该如何增强免疫力呢？

　　日本医学博士、免疫学专家藤田纮一郎首次公开增强免疫力的秘诀。书中以 Q&A 的形式，分析解答了肠道微生物、肠道菌群、肠道环境与人体免疫力之间的关系，并介绍了防癌食材、保健小菜等 18 大饮食方法，笑口常开、细嚼慢咽等 16 大生活习惯，全面讲解了增强免疫力的方法。这些知识简单易懂，方法易操作，让你在日常生活中就能轻松实践，帮你快速增强免疫力，预防大肠癌、乳腺癌和宫颈癌等高发癌症！

　　癌症并不是老年人的专利，随着癌症发病的年轻化，每个人都应该引起重视。预防癌症，从增强免疫力开始！

快读·慢活®

　　从出生到少女，到女人，再到成为妈妈，养育下一代，女性在每一个重要时期都需要知识、勇气与独立思考的能力。

　　"快读·慢活®"致力于陪伴女性终身成长，帮助新一代中国女性成长为更好的自己。从生活到职场，从美容护肤、运动健康到育儿、家庭教育、婚姻等各个维度，为中国女性提供全方位的知识支持，让生活更有趣，让育儿更轻松，让家庭生活更美好。